"十二五"职业教育国家规划教材
经全国职业教育教材审定委员会审定

高职高专艺术设计专业系列教材

景观设计
手绘效果图表现

JINGGUANSHEJI
SHOUHUIXIAOGUOTUBIAOXIAN

（第2版）

主　编　窦学武 吴新星

副主编　李　兰 夏克梁 段渊古 高　飞 周小媗

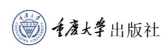

重庆大学出版社

图书在版编目（CIP）数据

景观设计手绘效果图表现／窦学武, 吴新星主编
. -- 2版. -- 重庆：重庆大学出版社，2024.1
高职高专艺术设计专业系列教材
ISBN 978-7-5689-3786-3

Ⅰ.①景… Ⅱ.①窦…②吴… Ⅲ.①景观设计—绘
画技法—高等职业教育—教材 Ⅳ.①TU986.2

中国国家版本馆CIP数据核字（2023）第199231号

高职高专艺术设计专业系列教材

景观设计手绘效果图表现（第2版）
JINGGUAN SHEJI SHOUHUI XIAOGUOTU BIAOXIAN

主　　编　窦学武　吴新星
副 主 编　李　兰　夏克梁　段渊古　高　飞　周小媗
策划编辑：席远航
责任编辑：席远航　　　版式设计：席远航
责任校对：刘志刚　　　责任印制：赵　晟

重庆大学出版社出版发行
出版人：陈晓阳
社址：重庆市沙坪坝区大学城西路21号
邮编：401331
电话：（023）88617190　88617185（中小学）
传真：（023）88617186　88617166
网址：http://www.cqup.com.cn
邮箱：fxk@cqup.com.cn（营销中心）
全国新华书店经销
印刷：重庆三达广告印务装璜有限公司

开本：787mm×1092mm　1/16　印张：13　字数：319千
2024年1月第2版　　2024年1月第5次印刷
印数：8001—11000
ISBN 978-7-5689-3786-3　定价：49.00元

前言

在这个变革的时代，设计与艺术不再是孤立的专业领域，而是与我们的社会、文化和政治息息相关。由重庆大学出版社出版的"十二五"职业教育国家规划教材《景观设计手绘效果图表现》出版将近10年。在这10年里，这本教材获得了众多职业院校相关专业师生的喜爱。作为一本专业教材，其编写宗旨不仅是传授技术和知识，更是要引导学生理解和掌握将个人专业技能与国家发展需求相结合的方法。由于行业发展、技术进步、专业改革，迫切要求本教材进行修订，在重庆大学出版社编辑席远航协助下，本教材编写团队及时开展了修订工作，才有《景观设计手绘效果图表现（第2版）》的按时出版。

在党的二十大精神指引下，我们强调的是全面建设社会主义现代化国家的宏伟目标。习近平总书记关于职业教育的系列重要论述给我们指明了职业教育的发展方向。职业教育不仅是国家人才培养体系的重要组成部分，更是国家发展和社会进步的基础。因此，本教材在编写过程中，特别注重将景观设计的专业技能教学与职业教育的精神相结合，旨在培养既具备专业素养又富有社会责任感的设计人才。

站在国家需求的角度，我们需要培养能够参与国家建设、推动社会发展的专业人才。景观设计不仅关系到城市的面貌，更关系到人民的生活质量。我们的教材旨在使学生理解如何将设计工作与国家的生态文明建设、城乡统筹发展等国家战略紧密联系起来。

从产业需求出发，本教材强调实用性与前瞻性。当前，中国正在经历城镇化建设的关键时期，景观设计作为城市建设的重要组成部分，对促进产业升级、提升城市品质具有重要作用。教材中不仅提供了实用的设计技巧，还介绍了最新的设计理念和技术，以满足行业不断发展的需求。

在行业需求方面，本书紧跟景观设计行业的发展趋势，注重培养学生的创新能力和实践能力。通过介绍多样化的设计案例，引导学生理解和掌握如何在实际工作中运用所学知识，解决实际问题。

最后，从学科需求角度考虑，本教材不仅是技术指导书，更是一本融合了思政教育元素的教科书。我们希望通过这本书，不仅传授专业知识，更要培养学生的社会责任感，激发他们为实现中华民族伟大复兴的中国梦贡献自己的力量。

景观设计不仅是一种艺术，更是一种文化和哲学的体现。我们的学生不仅要学会如何绘制美观的景观设计图，更要学会如何通过设计反映社会价值、推动文化传承。这正是习近平总书记强调的"以人民为中心"的发展思想在景观设计领域的具体体现。我们鼓励学生在学习专业技能的同时，深入理解中国的历史文化，把握时代脉搏，创造出既美观又具有深厚文化底蕴的作品。

本教材在编写时还特别注重理论与实践的结合。我们不仅提供了详尽的手绘技巧讲解，还结合了多个真实案例，让学生能够在实践中深化理解和运用所学知识。同时，教材中还融入了当前先进的设计理念和技术，使学生的视野不局限于国内，而是能够站在国际视角看待和解决问题。

本教材的修订编写工作能顺利完成，得益于多位作者共同努力，编写分工为：曲阜师范大学窦学武老师负责全书统稿，四川工程职业技术学院吴新星老师负责第一章和第二章的编写修订工作，重庆工业职业技术学院李兰老师负责第三章和第四章的编写修订工作，夏克梁、段渊古、高飞、周小媗老师负责第五章和第六章的编写修订工作。

在新时代的背景下，职业教育的重要性日益凸显。我们的目标不仅是培养学生的专业技能，更是要培养他们的综合素质、创新能力和国际视野。通过本教材的学习，学生不仅能够掌握景观设计的基本技能和理念，更能够提升自己的思想政治素质，为社会的发展贡献自己的力量。

总之，《景观设计手绘效果图表现（第2版）》是一本立足于当前中国社会和教育背景，融合了专业技能教学和思政教育的创新教材。我们期待通过这本书，不仅能够提升学生的专业技能，更能够培养他们成为有理想、有道德、有文化、有纪律的新时代青年，为建设美丽中国，实现中华民族伟大复兴贡献自己的智慧和力量。

编　者

2023 年 12 月

目录

第六章　实例展示

参考文献

实例展示篇

基础知识篇

JINGGUAN SHEJI SHOUHUI XIAOGUOTU BIAOXIAN

第一章

景观设计手绘表现基础

学习重点：了解手绘表现常用工具，掌握手绘表现构图和技法。

知识要点：常用手绘表现工具，手绘表现中的构图技巧和透视原理，景观手绘常用技法。

第一节　手绘表现所用工具

一、笔类

（一）线稿用笔

手绘线稿用笔有很多种，常用的有钢笔、针管笔和水性笔。

针管笔常用品牌有樱花、三菱、宝克等（图1-1）。

图1-1　常用针管笔

针管笔价格相对于水性笔高，适合有一定基础的同学。针管笔一般在画稿细节部分使用，常用的笔尖粗度有0.05、0.1、0.2、0.3、0.5、0.8等。

手绘钢笔笔尖分为M、E、F等不同型号，如果画建筑类效果图，建议用M号，或稍粗一些的。画园林景观效果图建议用 E、F号，或稍细一些的，也可根据个人的喜好选择。

（二）马克笔

马克笔又称麦克笔，通常用来快速表现设计构思和设计效果图，能迅速地表达设计思想和设计效果，是当前主要的设计绘图工具之一。

1.按墨水类型分类

（1）油性马克笔耐水、耐光、干得快，色彩柔和，其颜色可叠加，但不宜叠加次数过多。

（2）水性马克笔不耐水，遇水可被晕染开，有水彩的效果，其颜色鲜艳透亮，有透明感，叠加处笔痕明显，但不宜多次叠加，否则颜色会变脏、变灰，纸面容易起毛、破损。

（3）酒精马克笔耐水、易干，该笔可在光滑表面书写，也可用于绘图、书写、标记、pop广告等。酒精马克笔易挥发，使用后要盖紧笔帽，远离火源，防止日晒。

2.按笔芯形状分类

（1）细头型马克笔适用于精细描绘和特殊笔触。

（2）平口型马克笔笔头较宽、较硬，适用于大面积着色及书写大型字体。

（3）圆头型马克笔笔头两端呈圆形，笔头较软，旋转笔头可画出粗细不同的线条。

（4）方尖型马克笔又名刀马克笔型。

（5）软尖型马克笔类似毛笔尖，能画出软笔的效果。

3.马克笔的用笔技巧

（1）用笔时，笔尖紧贴纸面，与纸面形成45度角。排笔的时候用力均匀，两笔之间重叠的部分尽量一致。

（2）由于马克笔的覆盖能力弱，因此建议先画浅色后画深色，注意整个画面的色彩协调。

（3）作画时，马克笔颜色可以夸张，凸显主体，使画面更有冲击力。

（4）笔法上要有紧有松，有收有放，让画面看起来有张力，构图不松散。可用排笔、点笔、跳笔、晕化、留白等多种表现方法。画面大多以排线为主，用线排成面，用线条的疏密表现明暗关系；线条方向一般按照透视线走，使画面更具有立体感、空间感。

（5）除了晕染外，一般用笔的遍数不宜过多，建议第一遍颜色干透后，再进行第二遍上色。线和形的表现要快、准、稳。

（6）彩铅可作为马克笔的辅助工具，增加层次感，使颜色过渡自然协调。

（三）彩色铅笔

彩色铅笔按材质可分为水溶性的和蜡质的。水溶性的（图1-2）比较常用，特点是易溶于水，与水混合后具有浸润感，画过之后可用毛笔蘸水融合画面，达到水彩的效果；蜡质彩铅（图1-3）颜料不溶于水，遇水会破坏画面，在景观手绘表现中一般不用蜡质彩铅。

图1-2　水溶性彩铅　　　　　　　　图1-3　蜡质彩铅

彩色铅笔还可分为软质的和硬质的。软质的颜色比较深且鲜艳，上色较快，容易出现笔触感；硬质的颜色较浅，削得很尖的时候可以画出笔触柔和的画面。

（四）水彩笔

水彩画用笔一般要求吸水量大，有一定的弹性。一些油画笔、水粉画笔不宜做水彩画笔。专用水彩画笔，分尖头、平头两种（图1-4、图1-5），大、中、小号都有，有羊毛和貂毛之分；还有一些国外进口的专用水彩画笔，价格较贵。对于初学者来说，不必过分追求画笔的专业性，一般选购几支大小不同的平头竹杆水彩笔、两支白云笔（图1-6）、两支衣纹笔（图1-7）就够用了。

图1-4　尖头水彩笔

图1-5　平头水彩笔

图1-6　大白云笔

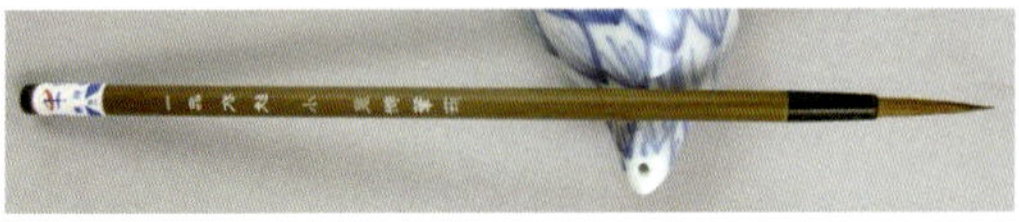

图1-7　衣纹笔

二、颜料和纸张

（一）水彩颜料

　　水彩画颜料（图1-8、图1-9）一般是从植物、动物和矿物质中提取的色彩原料，再将其经过研磨做成精细的粉状物，然后加树胶、甘油和防腐剂制成。水彩颜料成品，分块状包装和锡管装两种，现在通常使用的是锡管装的糊状颜料。锡管装颜料有套装和单色盒装，初学者可先购买套装，经过一段时间的绘画实践，对水彩有了一定的了解之后，可以买单支颜料。因为实践中所用颜料数量不会一样多，用量大的颜料可多买，用量少的颜料就少买，有些颜料可能根本用不上，就可不买，避免浪费。

图1-8　水彩颜料（24支装）

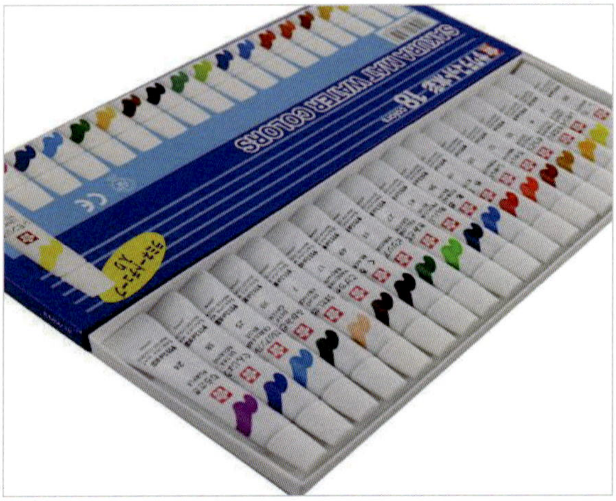

图1-9　水彩颜料（36支装）

水彩颜料的透明度不一，玫瑰红、紫红、群青、酞青蓝、普蓝、柠檬黄等是透明度最好的；红、西洋红、深红、青莲、翠绿、深蓝次之；湖蓝、钴蓝、天蓝、草绿、浅绿、中绿、橄榄绿、朱红、土红、橘红、中黄、土黄、赭石、熟褐、黑、白等色透明度较差，是基本不透明的颜料。水彩颜料的透明度是相对的，不透明的颜色加水多了，也会成为透明的颜色。

（二）纸张

　　纸张是绘图必备的材料，绘图常见的纸张有绘图纸（图1-10）、复印纸（图1-11、图1-12）、草图纸（图1-13）、硫酸纸（图1-14）、彩色卡纸（图1-15）等。其中绘图纸多用于绘制效果图，常规尺寸是A2；复印纸也多用于画效果图，常用尺寸是A3，课堂练习用A4的就行。复印纸的品牌很多，绘制效果图时要选稍厚的纸，克数应不少于80克，颜色较白的，且用针管笔画在纸面上不会晕染（如果用针管笔画过就晕染，这种纸也不能用马克笔上颜色），很多初学者也用复印纸当草稿纸来练习。

　　草图纸和硫酸纸多用于透稿（就是描图）。描图时一般都是画在其他纸上，然后用硫酸纸蒙在上面，在拷贝时用。硫酸纸的最大作用是可以晒图，在制图过程中可以用双面刀片对已绘制的图案进行刮蹭修改。使用这两种纸张制图可以打印，也可以用专门的绘图笔绘图，在硫酸纸或草图纸上绘图的颜色效果也很好。

　　水彩画对用纸要求较高，一般选用专用水彩画纸。专用水彩画纸（图1-16）的表面有凹凸纹理，有

图1-10　绘图纸

图1-11　80克复印纸

图1-12　某品牌打印纸

图1-13　草图纸

图1-14　硫酸纸

彩色纸张的尺寸：
　A0：841 mm×1189 mm
　A1：594 mm×841 mm
　A2：420 mm×594 mm
　A3：297 mm×420 mm
　A4：210 mm×297 mm

图1-15　彩色卡纸

粗纹、细纹，具有一定的软硬度和厚度，有适当的吸水性。质地过于松软的纸，如素描纸、宣纸，吸水性太强，着水后会透纸背，不宜选用；而过硬的纸，如白板纸、绘图纸，其附着力差，水色容易在纸面上流淌，不好控制，也不宜作为水彩画用纸。水彩纸有国产纸和进口纸两大类。

图1-16　水彩纸局部

图1-17　4开水彩纸

在绘制效果图时一般不用彩色卡纸，但绘制特别效果的效果图时也会用到。如画夜景效果图，就可以直接用油漆笔在黑色卡纸上绘制。

（三）其他工具

提白笔（图1-18）：也包括修正液（大面积提白），主要用在画效果图的最后阶段，用于细节精准提白。

图1-18　提白笔

调色盒：调色盒是盛颜料和调色彩的器具。现在常见的是塑料制的调色盒，它有盛色的深格，盒盖可以用来调色，使用方便。要注意盛好颜料的调色盒不能倒置或斜放，以免色彩相互混合造成污染。作画完毕后应及时清洗盒盖，并用潮湿的海绵或湿布将盛颜料的格子盖上，关紧盒盖，以免颜色变干，不利下次使用。洗笔水罐是用来洗笔的，如果是在室外写生，可再备一个水瓶，用来更换水罐中的污水。如水罐盛水少，洗笔不够彻底，会影响色彩的纯度。玻璃瓶或瓷器易碎，不便室外写生使用。

小刀、橡皮、铅笔、胶带纸、海绵是画水彩时必不可少的工具。小刀用来裁纸、削铅笔，必要时也可用于刮蹭画面上的颜色；橡皮用于擦掉起稿时的铅笔线；铅笔用于起稿，2B或3B的都可用，过硬的铅笔容易划伤纸面，不宜使用；胶带纸是把画纸固定到画板上的材料。

平行尺、曲线板、椭圆模板、圆模板、蛇形尺、直尺、三角板等都是常见的绘图辅助工具（图1-19）。

平行尺　　　　　曲线板　　　　　椭圆模板

蛇形尺　　　　　直尺　　　　　三角板

图1-19　常见绘图辅助工具

第二节　线与形的训练

一、线条的训练

在学习手绘之前，有必要先了解手绘图的画面主要是由哪些元素构成的，以及这些元素又是怎样被处理的。分析透彻这些基本元素及处理方法有助于我们后边对绘图技法的掌握。

线条（包括点）是构成手绘图的基本单位，常见的线条有直线、曲线、自由线等。线条具有极强的表现力，不同类型的线条常表现不同的"性格特征"，不同种类线条的运用，会直接影响到画面的效果。绘制手绘图时，用笔应力求做到肯定、有力、流畅。手绘图是以线条形式描绘对象，线条除了具有表现景物的形体轮廓及结构功能外，还可表现出如力量、活力、凝重、飘逸等美感特征。绘图者可通过线条的运用，将自己的艺术个性自然地流露在画面上。在景观设计手绘表现中用得较多的是针管笔、钢笔和勾线笔。这几种笔用法相近，在此只对钢笔的用法作详解。

（一）线条的特点

初学者一般都会选用铅笔为绘画工具。铅笔线条（图1-20）因受力大小和角度的不同，会产生不同浓淡和粗细的笔触变化，可以表现出细腻柔和的渐变效果，并且可以擦拭修改，反复描绘，所以初学者可以大胆使用。

钢笔（包括各类签字笔等）作为书写工具已被人们所熟悉，但作为绘画工具，钢笔画出的线条（图1-21）因不宜修改往往使人产生畏惧而不敢下笔。钢笔线条（指普通钢笔、签字笔）不但不可以修改，而且从落笔到收笔始终保持一致，不因使用者的受力和角度的不同而产生明显的粗细和浓淡变化。

图1-20　铅笔线条

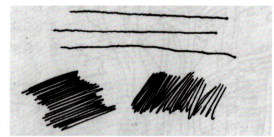

图1-21　钢笔（签字笔）线条

从不同线条画法的比较中还可以发现，不确定、不自信的线条会给人一种无力、松散的感觉。有力、肯定、自信的线条具有一定的张力，给人一种力量感（图1-22）。

钢笔描绘时，用同一粗细的线条来界定建筑的形象与结构，是一种高度概括的表现手法，同时依靠线条的疏密组合来达到画面的虚实、主次等变化的艺术效果。

从图中比较可以得出，即使用力不同钢笔线条也不会出现明显变化，且不自信的线条会给人无力和松散的感觉，那么，在学习钢笔画的时候，首先要做到的就是敢于用笔，敢于去画，这也是学生学习钢笔画应迈出的第一步。用钢笔描绘线条时，力求做到以下几点：

图1-22 线条比较

用笔肯定、有力，一气呵成，使描绘的线条流畅、生动（图1-23）；

受力要均匀，线条的粗细从起始点到终点保持一致（图1-24）；

描绘长线条时，要注意其衔接处。线条重叠将产生明显的接头，在画面中如果反复出现，将直接影响最终效果，所以线段衔接处易断而不宜叠（图1-25）；

线条的交接处（指物体的界面或结构转折处），宜交叉重叠而不宜断开。断开的线条，使所表现的物体结构松散，缺少严谨性（图1-26）；

线条不宜被分割成小段，也不宜出现反复描绘的线条（图1-27）；

长线条中，可适当出现短线条，而不宜完全（或主要）依靠小段线条完成（图1-28）；

描绘排列均匀的组线条时，应尽量保持速度缓慢、受力均匀、间隙一致（图1-29）；

如果想画连贯的线条时，只要画到一定的熟练程度，将速度提快便可达到（图1-30）；

随意性的线条则是将速度再提快，所描绘的线条就带有一定的随意性（图1-31）。

图1-23 流畅生动的线条

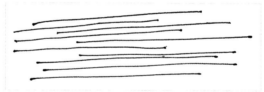

图1-24 均匀的线条

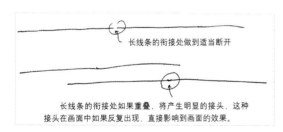

图1-25 长线条衔接处应断开

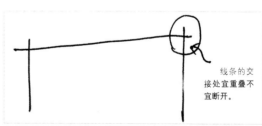

图1-26 线条交接处宜交叉重叠

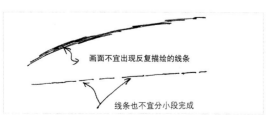

图1-27 线条不宜分小段和被反复描绘

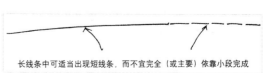

图1-28 可适当用短线表达长线

线条均匀的排列画法。运笔速度缓慢，尽量保持受力均匀，间隙一致

图1-29

如果画到一定的熟练程度，而将运笔速度提快时，将画出带有一定连贯性的线条。

图1-30

如果将运笔速度达到一定的程度，所描绘的线条就带有一定的随意性。

图1-31

（二）线条的方向性

线条原本没有方向性，但当运用到具体的景观中时，线条的方向性就会出现（图1-32）。作画时，应尽量根据景观的结构及透视方向用笔，根据物体的明暗原理排列线条，以便更好地塑造景观形象，使物体产生亮面和灰面的画面关系（图1-33—图1-36）。

例如，描绘树在水中的倒影时，横线条比竖线条要更加贴切（图1-37）。

总之，从随意方向的线条和顺应物体结构和透视方向的线条的比较可以看出，不同的线条描绘物体将产生不同的视觉效果。在描绘物体时，线条的方向起了一定的作用，根据物体的结构及透视方向用线，能更好地塑造形体及空间。

图1-32 别墅钢笔画

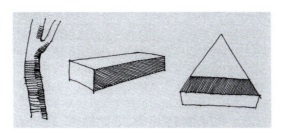

图1-33 线条方向运用1

图1-34 线条方向运用2

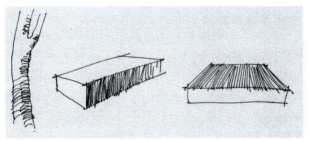

图1-35 线条方向运用3

图1-36 线条方向运用4

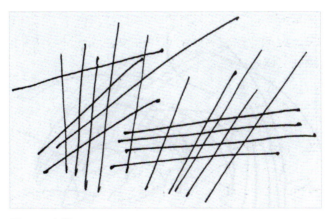

图1-37 线条方向运用5

（三）不同线条的运用

1.直线的运用

直线是钢笔画中最常用的线条，其给人硬朗、坚硬的感觉。直线有长线、短线之分，构成画面的线条不宜全部是长线或短线，应是不同线条的组合（图1-38）。

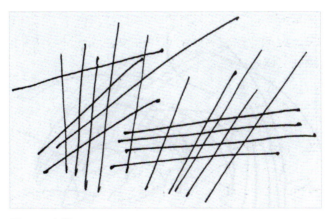

图1-38 直线运用

2.曲线的运用

一幅画的画面不应均由直线组成，否则将导致画面生硬、呆板，适当穿插曲线在画面中，会使画面显得生动活泼。曲线多用在圆弧造型的建筑或物体上。绘制直线时，用较轻的力度和较快的速度也常常会使其带有一定的圆弧感（图1-39—图1-41）。

图1-39 钢笔建筑速写

图1-40 钢笔建筑速写局部

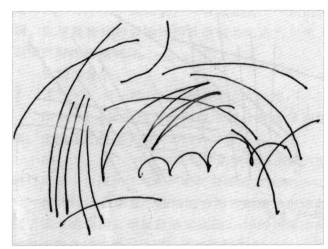

图1-41 曲线运用

3.自由线的运用

自由线是在直线、曲线基础上任意描绘的线条。当直线、曲线画到一定熟练程度时，用笔时会带有一定的速度感，所描绘的线条便具有了自由、随意的特点，这也是钢笔画所要追求的效果。

自由线多用于画面中需要概括处理的地方，在素材收集时也常用自由线来快速地勾画场景和景物（图1-42—图1-46）。

图1-42　欧洲某市场钢笔速写

图1-43　自由线运用

图1-44　自由线练习

图1-45　农场的钢笔画中自由线的运用

图1-46　自由线

4.乱线的运用

乱线在画面中并不是很常用，特别是不太适合初学者运用。虽可以随意地涂画乱线，但描绘时往往以某种明暗关系为依据，所表现的画面要做到乱中有序，表达出景物的形体及空间关系（图1-47—图1-49）。

5.点的运用

点的运用是表现明暗关系较好的手段，特别适合初学者理解分析建筑的明暗关系及锻炼耐心。但点画法相对要占用比较多的时间，适合学生室内作业，而不太适合在户外写生时采用（图1-50—图1-52）。

（四）线条的组织

钢笔画是依靠同一粗细的线条产生疏密组合和黑白搭配，从而使画面产生主次、虚实、节奏等对比艺术效果。线条的组合得当与否，直接影响着对物体形体的塑造。线条在画面中起着决定性的作用，所以线条的组合要有一定的规律和方法，缺少了秩序和规律性，所表现的画面将显得凌乱无序，难以塑造出建筑的形体结构及空间关系。有序的排列线条使其画面更加统一、协调（图1-53—图1-56）。

在描绘钢笔画的明暗关系时，需要依靠线条的排列、交织以达到明暗的渐变，无序的线条给人凌乱、松散的感觉，有序的线条使人感到整体统一并具有节奏感（图1-57、图1-58）。

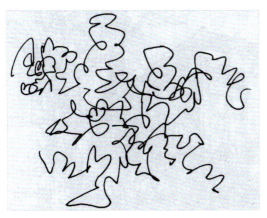

图1-47　乱线练习

图1-48　老屋钢笔速写

图1-49　图1-48局部

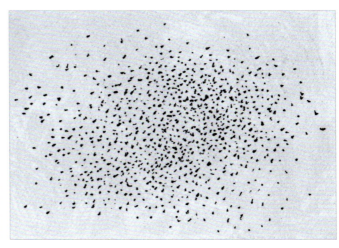

图1-50　点的运用练习

图1-51　点画法画成的老屋

图1-52　局部图

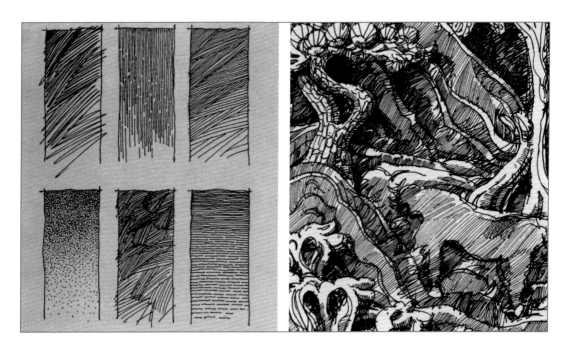

图1-53　线条的排列与组织（组图）

图1-54　线的排列练习

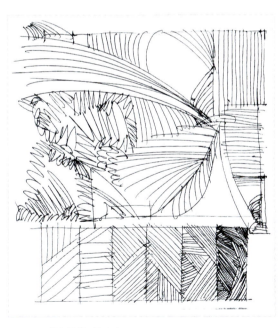

图1-55　线条的排列与组织1

图1-56　线条的排列与组织2

图1-57　组织无序的线条

图1-58　组织有序的线条

二、形体的训练

　　练习各种形体组合对于景物设计有着更为直接的帮助，很多景物造型都是由一些几何形体组合而成的。只要我们平时多练习画一些石膏几何模型和静物，掌握形体组合画法，描绘这类几何形体景物就会轻松许多（图1-59—图1-61）。

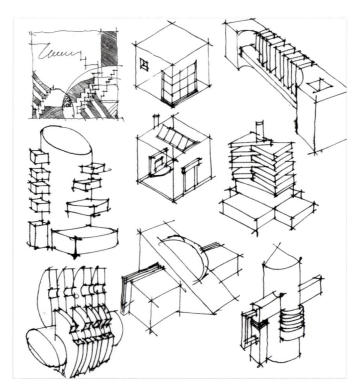

图1-59　形体组合练习1

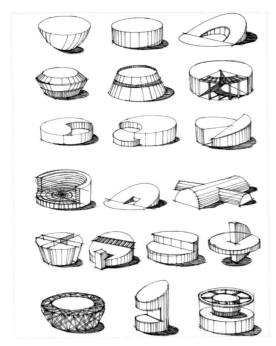

图1-60　形体组合练习2

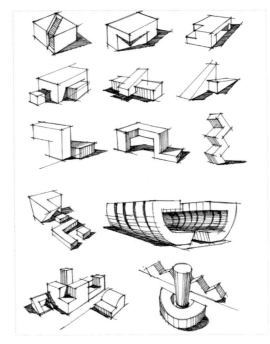

图1-61　形体组合练习3

　　我们身边的静物随处可见、随手可得，它们是景物练习非常好的素材。静物表现练习要求我们分析各种静物的造型特点，从而使表现出的静物更加生动。

第三节　构图技巧

一、视点的选择

视点是观察者对于被观察物的相对位置，一般情况下，景物比观察者越高，视点越低，这样才能凸显景物的高大和稳重。在作画时，稍矮的景物视点可适当高些，以显景物的亲切感。

图1-62画面的视点较低，该画面好像观察者蹲着或趴着看建筑。

图1-63画面比较符合人正常站立的视点。

图1-64画面是高于建筑的视点感觉，就像观察者站立在另一屋顶上看该建筑。

图1-65中建筑部分像是观察者蹲着或坐着的视点，而地面部分则是观察者站立或更高的视点。建筑和地面的视点不一致，给人感觉别扭，导致画面很不协调。

图1-66中建筑和地面的视点一致，画面显得很和谐。

视点的设置应根据建筑的具体情况来定，视点高度不同给人以不同的视觉感受。一般比较适宜选择正常站立或偏低的视点而不宜选择相对较高的视点。同时还要注意同一画面视点的统一性，不宜出现两个或多个视点，否则会导致画面缺少真实性（图1-67）。

图1-62　俯视点

图1-63　正常站立视点

图1-64　高视点

图1-65　视点不一致的画面

图1-66　视点一致的画面

图1-67　视点一致的钢笔速写画

二、构图的安排

　　构图，就是"经营位置"，是将所要表现的景物合理地安排在画面的适当位置上，形成既对立又统一的画面，以达到视觉和心理上的平衡。

　　以画建筑为例，构图时首先根据建筑的造型特点、地理环境等因素决定其幅式。幅式分横式、竖式和方式等。横式的构图使画面显得开阔舒展；竖式的构图具有高耸上升之势，使建筑显得雄伟、挺拔；方式的构图使画面具有安定、大方、平稳之感。

　　将以下建筑构图两两为一组进行比较与分析，结果如下：

　　在图1-68中，建筑左右面积对等。画面所展示的景物尽管高低有变化，但在面积的比例上过于接近。此时在建筑的面积上稍做调整，画面就会显得生动活泼（图1-69）。

　　在图1-70中，建筑形状雷同。画面所展示的建筑在高度和面积上有所区别，但建筑的外形过于相似。另外植物配景的形状也过于接近。如改变画面中两幢建筑及主要植物的形状，画面的视觉感受有了很大的改变（图1-71）。

　　在图1-72中，建筑高度一致。画面所展示建筑的高度过于一致，缺少天际线的变化。此时在建筑的背后适当添加树木，丰富了天际线，也使画面更生动（图1-73）。

　　在图1-74中，建筑重心偏离。所展示的画面重心偏向左边，达不到视觉上的平衡。此时将左边屋顶背后的树移向右边，在画面的视觉上起到均衡作用（图1-75）。

　　在图1-76中，均由直线完成的画面在建筑的造型上和视觉上显得过于生硬。在视觉过硬的画面中通过曲线（树木）的添加，就能缓解单调感，柔化画面的视觉效果（图1-77）。

　　综上，构图时要注意画面中不同建筑的面积不宜对等，形状不该雷同，高度不应一致，要注意视觉上的平衡和变化（图1-78）。

图1-68　建筑面积相等

图1-69　建筑面积调整后

图1-70　建筑形状雷同

图1-71　建筑形状调整后

图1-72　建筑高度一致

图1-73　建筑高度调整后

图1-74 建筑重心偏离

图1-75 建筑重心调整后

图1-76 直线构图

图1-77 线条调整后

图1-78 构图示例

三、视觉中心的处理

　　手绘图的画面应有主次、轻重、虚实之分，以形成画面的视觉中心。缺少视觉中心的画面显得平淡、呆板而缺少生气。为了强调画面的视觉中心，常需对画面进行主观地艺术处理来突出某一区域，从而将观者的注意力引向构图中心，形成强烈的聚焦感。

（一）视觉中心的位置

　　当主体（即视觉中心）处在画面的中心位置，构图显得过于稳重和匀称，以致画面显得呆板（图1-79）。

　　当视觉中心偏向右侧，则画面的重心不稳（图1-80）。

　　视觉中心不宜安排在画面的正中间，也不宜安排在画面的边缘。如果把方形的画面对角线分割为四部分，那么视觉中心最有效的点就是这四部分的中心位置或附近的区域（图1-81）。

图1-79

图1-80

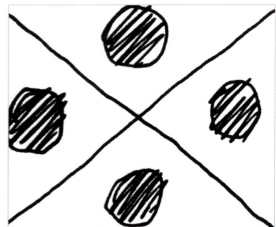

图1-81

（二）视觉中心的处理手法

　　将以下建筑图两两为一组进行比较与分析，结果如下：

　　缺少虚实对比的画面（图1-82）进行虚实对比的修改处理后，画面（图1-83）视觉中心变得明显。

如图1-84所示，当主体建筑刻画得比较深入，但延伸的路面和行人将视线引向画外时，应调整路面的延伸方向及行走的人位置，将视线引向视觉中心，使画面（图1-85）更加紧凑，主体更加突出。

如图1-86所示，对画面中各景物的刻画过于平均，缺少主次对比，将导致画面平淡，主体不突出。此时以建筑作为画面的主体，重点刻画，就形成了视觉中心（图1-87）。

综上，视觉中心的处理可以通过多种方法获得，具体方法如下：

虚实对比。钢笔画主要依靠线条的疏密组合，形成对比，从而产生了虚实关系，以形成画面的视觉中心（图1-88）。

图1-82 画面缺乏虚实对比

图1-83 调整后的画面虚实对比明显

图1-84 视觉中心引导方向错误的画面

图1-85 调整视觉中心后的画面

图1-86 画面缺乏主次对比

图1-87 调整后的画面主次对比明显

图1-88　线条疏密相间产生的虚实关系

　　画面的视觉中心也可通过诱导来获取，如路面的延伸（从前景延伸到主体建筑），车辆或人物朝主体建筑走去或驶去。以诱导人的视线，形成中心（图1-89）。

　　作画时，往往将主体建筑作为重点进行深入刻画，与配景形成强烈对比，以形成画面的视觉中心（图1-90）。

图1-89　行人走向形成诱导构图

图1-90　重点刻画的石景

第四节　透视原理

一、一点透视

由于建筑物与画面间相对位置的变化，建筑物的长、宽、高三组主要方向的轮廓线与画面可能平行，也可能不平行。如果建筑物有两组主向轮廓线平行于画面，那么这两组轮廓线的透视就不会有消失点，而第三组轮廓线就必然垂直于画面，这样画出的透视称为一点透视。一点透视也叫平行透视，即物体向视平线上某一点消失（图1-91—图1-94）。

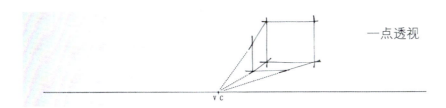

一点透视

景观手绘—
点透视01

图1-91　一点透视示意图

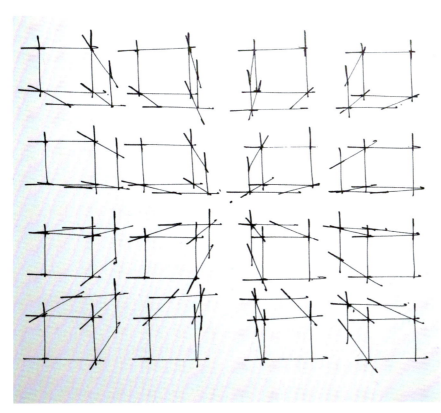

景观手绘—
点透视02

图1-92　一点透视草稿示意图

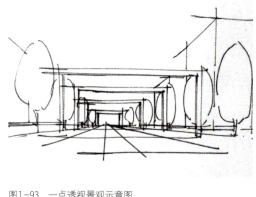

图1-93 一点透视景观示意图

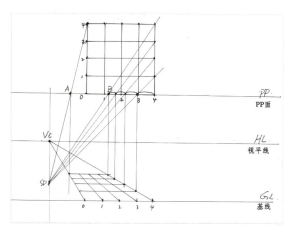

图1-94 一点透视画法

二、两点透视

两点透视也叫成角透视，即物体向视平线上某两点消失。它是物体与画面形成一定的角度，物体的各个平行面朝不同的两个方向消失在视平线上，画面上有V_1、V_2左右两个消失点的透视形式。

两点透视构图使画面显得自由生动，能反映出建筑体的正侧两面，容易表现建筑的体积感，在建筑室外设计徒手表现中应用较为广泛（图1-95—图1-98）。

图1-95 两点透视示意图

景观手绘两点透视01

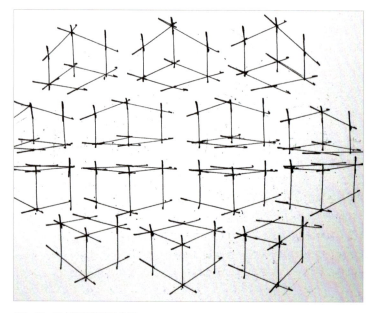

景观手绘两点透视02

图1-96 两点透视草稿示意图

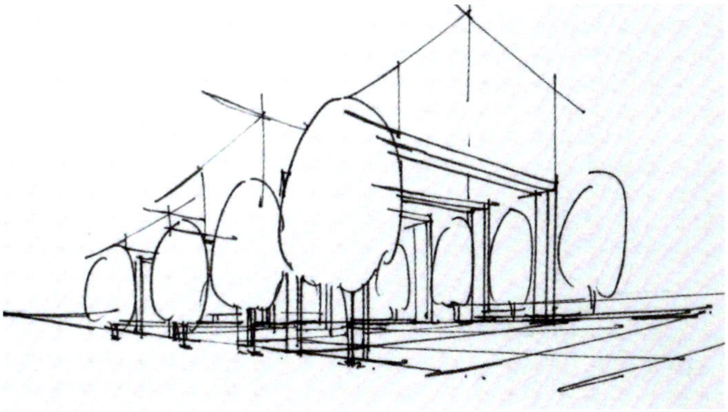

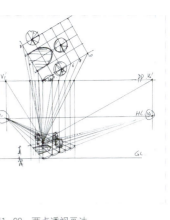

图1-97 两点透视景观示意图

图1-98 两点透视画法

三、三点透视

　　三点透视一般用于超高层建筑的俯瞰图或仰视图。仰视超高的景物，会让人产生险峻高远、庄严高大之感；俯视超高景物，会让人产生动荡欲覆、有深邃幽深之感。三点透视画面中的第三个消失点与主视线相交，因此形成的线必须与视角的二等分线位置保持一致（图1-99、图1-100）。

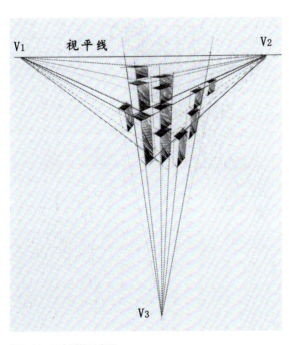

图1-99 三点透视示意图

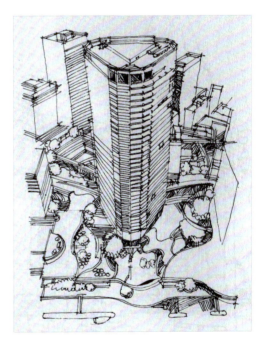

图1-100

四、透视在景观设计中的体现

　　景观设计中用的最多的是一点透视和两点透视（图1-101—图1-105）。

　　景观手绘表现中还会用到散点透视。散点透视不同于焦点透视只描绘一个视点固定一个方向所见的景物，它的视点不是一个而是多个。这些视点并无固定聚焦方向，而是由一群与画面同宽的分散视点群组成。画面与视点群之间，是无数与画面垂直的平行视线，使画面的每个部分都是平视的效果。

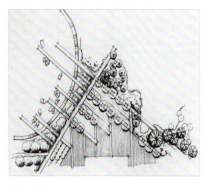

图1-101

图1-102　一点透视案例1

图1-103　一点透视案例2

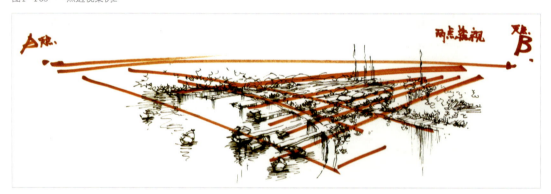

图1-104　两点透视案例1

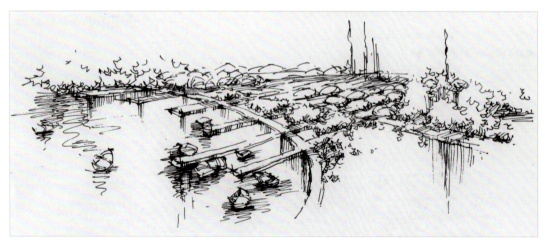

图1-105　两点透视案例2

第五节　景观手绘常用技法介绍

一、彩色铅笔技法

彩色铅笔基本画法比较单一，就是平涂和排线，同时这也是难点，绘画时切忌心浮气躁，否则画出来的画面与儿童画无异。用彩铅排线的时候要有意识形成色块。彩铅具有半透明性，叠色和混色都可以组合出无数变化（图1-106—图1-109）。

因为彩铅是半透明材料制成的笔芯，所以应该按先浅色后深色的顺序画，不可急进，否则画面容易深色上浮，缺乏层次感。最后着色的时候，可以把颜料用力压入纸面，这样可以使颜色呈现些许混合效果。

图1-106　彩铅排线技法

图1-107　水溶性彩铅蘸水可以画出水彩的效果

图1-108　彩铅绘图作品1

图1-109　彩铅绘图作品2

二、马克笔技法

马克笔是手绘表现最主流的上色工具。它的特点是色彩干净、明快，对比效果突出，绘图速度快，易于练习和掌握。马克笔上色时，不必去追求柔和的过渡，也不必去追求所谓的"高级灰"，而应用已有的色彩，快速地表达出设计意图，让人可以很直观地理解设计想法即可。马克笔上色讲究快、准、稳，不需要起笔、运笔，在想好之后，直接画出来，从落笔到抬笔，不能有丝毫犹豫和停顿。马克笔还具有叠加性，同一支笔在叠加后会出现两三种颜色，但是叠加通常不宜超过两次。而同一个地方，用马克笔也尽量不要画3层以上，否则画面会显得很腻、很脏。表1-1的颜色，是按照红、橙、黄、绿、蓝、紫的色相，根据明度的不同来配的，用以下马克笔可以表现亮、灰、暗3个素描层次。用马克笔或者彩铅的时候，都尽量不要选择纯度太高的颜色。马克笔的灰色，根据色彩的冷暖关系，分为WG（暖灰）和CG（冷灰），还有BG（偏蓝色灰）和GG（偏绿色灰），表中提到的这几种灰颜色是我们经常用到的。

表1-1　touch马克笔的色号

1	9	12	14	24	26
31	34	46	47	48	50
51	55	58	59	62	67
69	75	76	77	83	92
94	95	96	97	98	100
101	103	104	107	120	141
144	146	169	172	185	WG1
WG2	WG3	WG4	WG5	WG7	BG1
BG3	BG5	BG7	CG1	CG2	CG3
CG4	CG5	CG7	CG9	GG3	GG5

1.马克笔初级技法

（1）平移。这是最常用的马克笔技法。使用该技法下笔的时候，要把笔头完全压在纸面上，运笔要快速、果断。抬笔的时候也不要犹豫，不要长时间停留在纸面上，否则线条末端会出现很大的"头"。这里一定要注意手腕的力度，不可过重。要做到短笔触动手腕，长笔触动手肘。

（2）用线表面过渡。用马克笔画线跟用针管笔画线的感觉差不多，不需要起笔，用宽笔头的笔尖来画即可，马克笔的细笔头基本没有用。马克笔的线一般用于色彩或物体的过渡，但是每层颜色过渡用的线不宜过多，一两根即可，多了就会显得乱。

（3）用点表现画面氛围。马克笔的点主要用来处理一些特殊的物体，如植物、草地等，也可以用于过渡（同线的作用），使画面气氛变得"活泼"。在画点的时候，注意要将笔头完全贴于纸面（图1-110）。

2.马克笔高级技法

（1）扫笔。扫笔就是在运笔的同时，快速地抬起笔，用笔触留下一条"尾巴"。多用于处理画面边缘或需要柔和过渡的地方。扫笔技法多适用于浅颜色，重色扫笔时尾部很难衔接。

（2）斜推。斜推的技法用于处理菱形的地方，可以通过调整笔头的倾斜度来处理出不同的宽度和线条。

（3）蹭笔。蹭笔是指用马克笔快速地来回运笔蹭出一个面，这样画出的地方质感过渡更柔和、更干净。

（4）加重。一般用120号（黑色）马克笔来进行"加重"处理。主要作用是拉开画面层次，使形体更加清晰。通常用于阴影处、物体暗部、交界线暗部、倒影处、特殊材质处（玻璃、镜面等光滑材质）。需要注意的是，加黑颜色的时候要慎重，有时候要少量逐渐增加，否则会使画面色彩太重且无法修改。

（5）提白。提白工具有修正液和提白笔两种。修正液用于较大面积提白，提白笔用于细节处精准提白。提白的位置一般用在受光最多、最亮的地方，如光滑材质、水体、灯光、交界线亮部结构处。在画面很闷的地方，也可以点一点。但是高光提白不是万能的，不要用太多，否则画面看起来会很脏。注意，提白技法要在上彩铅之前且没有使用修正液的情况下使用。用修正液的时候，要尽量使其饱满一些（图1-111）。

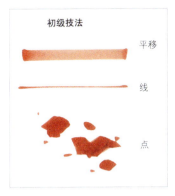

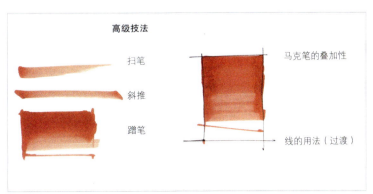

图1-110　马克笔初级技法　　　　图1-111　马克笔高级技法

3.马克笔其他技法

（1）作画时，前一笔与后一笔应都有1mm的搭界（图1-112顶部）。

（2）马克笔和彩铅结合时，最好先画彩铅，再在上面覆盖马克笔，反之效果不好（图1-112中部、底部）。

（3）用同一支马克笔多画一遍，颜色就会加深一层，第二遍颜色最好要有笔触，要有点、线、面的结合（图1-113）。

（4）过渡的笔触使用是马克笔技法中很常用的技法，也是非常重要的技法，是必须掌握的技法。渐变笔触的典型画法和点线面笔触的结合见图1-114。

（5）在画不同长度的直线时，注意手臂的运动。画5cm以内的笔触只要动手腕即可；画5~10cm的笔触，只动手肘，手腕绷紧不动；画10cm以上的笔触只动肩肘（图1-115）。

（6）在使用过渡笔触的时应注意，运笔方向都是从左至右、或从上至下，而非"之"字形运笔（图1-116）。

马克笔其他技法效果图如图1-117至图1-120。

图1-112　马克笔与彩铅叠加效果

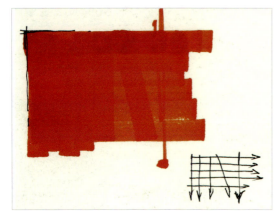

图1-113　马克笔运笔叠加笔法

图1-114　马克笔运笔渐变笔法

图1-115　不同长度马克笔笔触

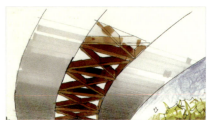

图1-116　用马克笔表现金属材质

图1-117　马克笔其他技法示意图1

图1-118　马克笔其他技法示意图2

图1-119　马克笔其他技法示意图3

图1-120　马克笔其他技法示意图4

三、水彩技法

　　水彩的持水能力比较强，其技法关键在于用水、用色及用笔，三者结合得恰到好处时，就能很好地表现出水彩画的特点（图1-121—图1-124）。

　　"用水"是水彩画最主要的特点。水彩画的调色不用白色，各种色彩深浅变化是靠水的多少来实现的。作画时，水分的多少要视风景画题材内容需达到的画面效果而定，并且与所选纸张材料的吸水性能直接相关，气候的干湿也影响着水量多少的控制。

　　与其他色彩画相比，水彩画用色更注意概括提炼和简洁明了。另外还有重要的其他因素，首先要正确地观察色彩，提高色觉敏感度。作画时要重点掌握好画面色调，调色时避免颜色调过头，否则画面会显得很脏。画景物暗部时用色要纯一些。另外应预料到水彩干、湿画法的不同，会导致色彩最后晾干时的效果呈现不同的深浅变化。关注好这几项因素，才能使画面产生理想的色调与色彩感觉。

　　笔触是一幅完整的水彩画作品不可缺少的元素。画面中用笔的好坏直接关系作品的成败，好的笔触能够使作品活跃而富有表现力，使画面活泼而生动。要使画面中近处的物体显得翔实，作画时用笔要稍干些，这样使画面显得对比清晰；要使画面中远处的物体显得略虚，作画时用笔水分应较多，这样就可以使画面中各景物对比模糊，从而产生空间感。无论干笔还是湿笔，运笔必须迅速且果断有力。水彩画是"加法绘画"，落笔无悔，用笔用色尽可能一步到位。

图1-121　景观水彩画示例1

图1-122　景观水彩画示例2

图1-123　景观水彩画示例3

图1-124　景观水彩画示例4

四、其他技法

除了以上技法外，手绘表现中还有水粉技法、色粉技法、喷绘技法等，这些技法由于绘制比较慢或受使用的工具条件等因素限制，故在实际设计中应用比较少（图1-125—图1-129）。

图1-125 水粉技法示例1

图1-126 水粉技法示例2

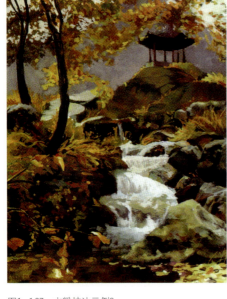

图1-127　水粉技法示例3　　　　　　　　图1-128　色粉技法示例1

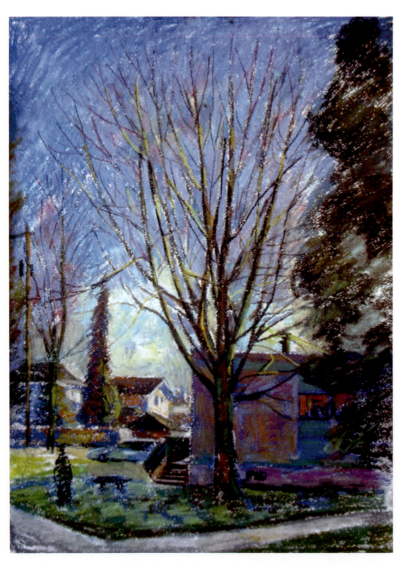

图1-129　色粉技法示例2

技法训练篇

JINGGUAN SHEJI SHOUHUI XIAOGUOTU BIAOXIAN

第二章

景观各要素手绘表现技法

学习重点：掌握景观各要素线稿的绘制和上色技法。

知识要点：植物、水体、天空、石材等自然物的画法，
道路、广场、建筑及其他设施的画法。

第一节 植物的画法

植物要素在景观设计表现图中往往占的画面面积最大，一棵（丛）树画得好与坏将直接影响整个画面，尤其是近景树和孤植树。

一、乔木画法

画乔木要掌握画树冠轮廓的笔法、填充树冠内部的笔法、画树干的笔法。以下是常用笔法（图2-1—图2-4）。

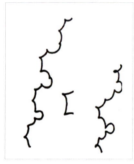   

图2-1 反向有弹性地折线画树   图2-2 "回"形纹可用来填充   图2-3 树冠内部用   图2-4 树冠内部也可以用阴影
　　　　　　　　　　　　　　　　　　　　　　　　　　　　　　　"回"形纹

1.近景树的画法

描绘近景的树木时，先用针管笔或马克笔勾画树干和树枝的形。树干与树枝有不同的弯曲度，描绘时要符合树木的生长规律。用马克笔上色前先在大脑中构思好树冠的形状，根据每组树冠的不同造型变化和方向，合理地组织笔触。笔触在长短、粗细、虚实方面要富于变化，同时还要注意留出树冠的通透处，使其生动、灵活、具有通透感。画完之后，在树冠外轮廓附近可以用马克笔的宽头笔尖或侧峰点上生动的点，以示亮部树叶的存在，进一步加强树冠的形体感（图2-5）。

要画好树，就要了解树的形状。常见的树多是球状树冠，画时就把树冠看成球形，准确地说应看成一个球体，有明、暗、灰、反光、高光五调子（图2-6—图2-11）。

除此之外，近景树的不同部位颜色对比要明显，树冠上方受光照射，用色较浅，树冠下方受光少的部位颜色较重，可以直接用绿色系中最深的颜色或深绿灰色马克笔绘制。同时，树冠颜色应丰富，以绿色系为主，辅以黄、蓝、褐等色。此外，在绿色系的树冠暗部适当加些暖色来弥补过冷的色调，可使树木形象更立体、鲜活（图2-12、图2-13）。

图2-5 不同的画树笔法（组图）

图2-6 树冠光线示意图

光
高光
过渡面
明暗交界线
过渡面
反光

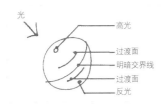

图2-7 树冠轮廓示意图1

图2-8 树冠轮廓示意图2

亮面

先将树冠看成几何球状，再将树干看成几何圆柱形。

保持亮面和暗面的大关系。

树冠在圆球形的基础上，寻求外形不规则的变化，同时还需注意它的体块感，树干则在圆柱基础上进行分枝。

亮面始终是亮面，以大面积的留白为主。

相对树冠来讲，暗面集中在树冠的下部，但暗面中应该有亮的变化，遵循树冠的整体性，暗部中亮部的面积不宜过大或过亮。

逐步将树冠深入细化，使外形的凹凸变化和明暗的阴影变化相协调，又不失树冠的整体性。树干的绘制要注意下粗上细的变化和分枝位置上下错位的变化。

图2-9 树冠绘画步骤

图2-10　添加树冠暗部细节

图2-11　树冠轮廓概括

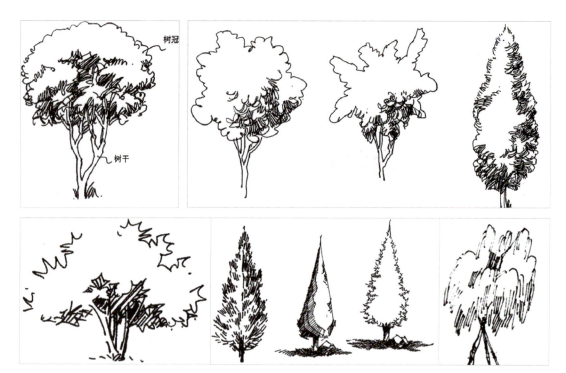

图2-12　树颜色示例（组图）

图2-13　近景树案例（组图）

树冠的上色步骤：

（1）画出树冠的线稿（图2-14）。

（2）在树冠亮部铺上一层环境色（图2-15）。

（3）亮部铺上植物的亮黄色（图2-16）。

（4）给树冠铺上固有色——草绿色（图2-17）。

（5）加深树冠暗部（图2-18）。

（6）最后的调整和点缀，树枝着色（图2-19）。

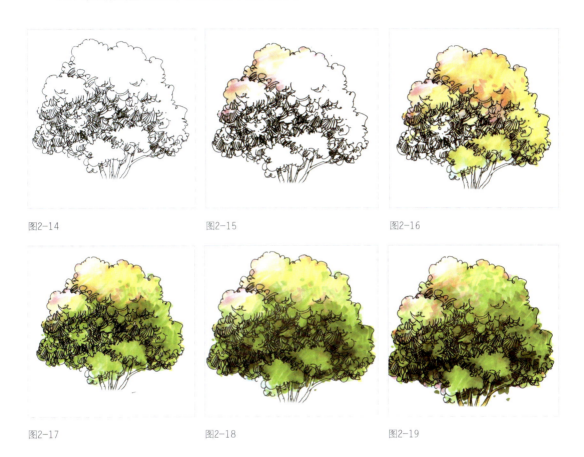

图2-14　　　　　　　　　图2-15　　　　　　　　　图2-16

图2-17　　　　　　　　　图2-18　　　　　　　　　图2-19

2.树丛的画法

树丛往往作为背景树，在画面主体的后方，往往被成排概括表现，不必做过多明暗体积的变化，处理时可稍平面化。具体描绘时笔触不必追求过多的变化，可以成片地出现，并且方向保持一致，如竖向、斜向和横向运笔。画树丛时用笔需简洁而快速，同时要注意树冠轮廓的高低起伏。对树丛上色时应减少颜色层次变化和明暗对比，有时还可用一种笔来表现远近的变化，不过表现出来的颜色深浅需通过控制力度的大小来实现（图2-20）。

在画近处的树丛时可以细致些，注意一定要有视觉中心（图2-21）。

用近似同斜度的线条画出疏密有致的树形，并体现出大概的明暗关系，然后用水彩平涂上色，可以不破坏画出的树形和明暗关系（图2-22）。

用彩铅表达的树木有一种优雅与朦胧感，但要突出树冠时就得给树冠周围做适当的明暗处理，以此对比显现出树冠的轮廓。也可以用水溶性彩铅，色彩较饱满、光润（图2-23）。

远、中、近景的树丛要画得层次分明、错落有致。近处的大树刻画需最细致，中景的树丛、远景的树丛概括表达得当即可。三个层次的树木色彩适当有所区别（图2-24）。

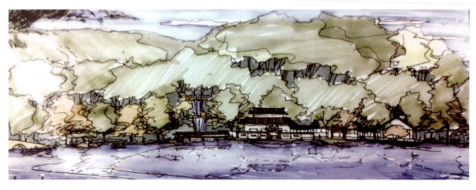

图2-20

图2-21

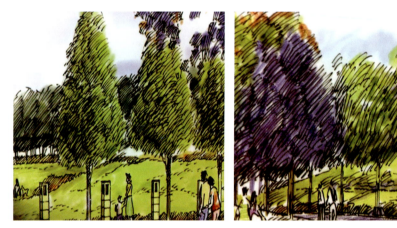

图2-22

图2-23

图2-24

相邻的同类树木的颜色适当区分，做同类色区分即可（图2-25）。

画成行成列的行道树或树阵时，一定注意一点透视或两点透视。近处的树木要画得深入细致些，远处的树木要画得概括随意些（图2-26）。

图2-25

图2-26

树丛常见的正误画法比较：

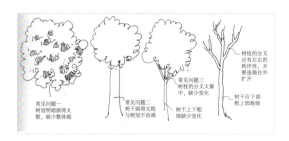

图2-27

图2-28

此种排列不可取。因为如果把圆圈去掉，相邻的两个树冠是区分不开边界的。

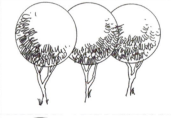

此种排列为正确画法。如果把圆圈去掉，相邻的两个树冠边界是分得开的，有明确的明暗衬托。

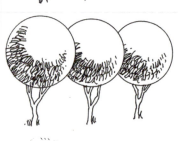

最终画出来的效果。树的排列要有明、暗、明、暗的节奏感。

图2-29

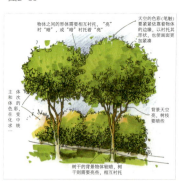

图2-30

图2-31

像个弹弓叉，不符合审美习惯

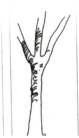

像个鸡爪，上半部分没有主干和分枝的分别

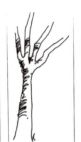

像个魔爪，没有美感，不符合树木生长规律

树干往上生长粗细变化过快

树干上粗下细，不符合生长规律

树干生长符合生长规律和审美习惯

图2-32

3.植物平面图的画法

园林植物的平面图是根据园林植物各自特征抽象概括出来的图例。

同类植物的平面图是指同类植物的水平投影图，一般都采用图例概括地表示，其表示方法为：用圆圈表示树冠的形状和大小，用黑点表示树木的种植点和树干的粗细。

（1）阔叶树的表现方法：阔叶树的树冠线一般以圆弧线或波浪线表示，且常绿阔叶树多表现为浓密的叶子，或在树冠内加画斜线，落叶阔叶树不加画斜线（图2-33）。

（2）针叶树的表现方法：针叶树常以带有针刺形状的树冠来表示。若为常绿针叶树，则在树冠线内加画斜线（图2-34）。

（3）相同连体树木的画法：在画几株相连的相同树木的平面图时，应互相避让，使图形成整体（图2-35、图2-36）。

（4）大片树木的画法：在画成林树木的平面时，只勾勒林缘线即可。

图2-33　阔叶树

图2-34　针叶树

图2-35

图2-36

在植物平面图中应画上树冠的投影，这样不仅使树木看起来更立体，而且能更进一步说明树冠的大小。树木平面图上色应尽可能地表现出光影效果，注意颜色的明暗灰调变化。画面中光源来源要统一，可以是从中心种植点向四周做放射状绘制，也可以用圆弧状的笔触画暗部以及过渡面。

二、灌木画法

灌木是指没有明显主干、呈丛生状态的树木，一般可分为观花、观果、观枝干类灌木等，是矮小丛生的木本植物。

1.灌木球的画法

把灌木作为一个球体来表现，画出其亮、灰、暗面和阴影即可，除此之外，还应注意用线要自由灵活，不可画得太僵硬（图2-37、图2-38）。

2.芭蕉叶的画法

（1）用针管笔勾画出芭蕉叶轮廓，叶片上自然的裂痕要表现出来（图2-39）。

（2）用48号笔铺上底色，留出高光（图2-40）。

（3）再用47号笔铺上叶片的固有色（图2-41）。

（4）用50号笔添上深颜色，表示叶片暗部及光影效果（图2-42）。

（5）最后在暗部用92号笔点缀上深暖色（图2-43）。

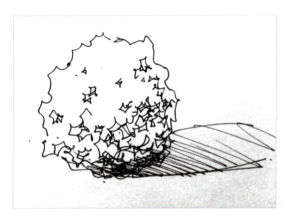

图2-37

图2-38

图2-39

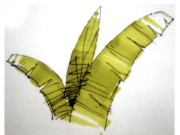

图2-40

图2-41

图2-42

图2-43

3. 绿篱的几种画法

　　绿篱在景观中是以成排或组的形式出现的，表达时要注意透视，要结合周围的道路或建筑一起表现。绿篱从形体上分为水平面和垂直面，一般情况下水平面是受光面，可用浅色马克笔表现（可用48号笔），笔触要干脆利落，留出高光部位。垂直面一般背光并且有短小的枝杈，可用针管笔或马克笔勾画出枝杈的走向，垂直面颜色较深（可用47、43号笔）（图2-44—图2-49）。

图2-44

图2-45

图2-46

图2-47

图2-48

图2-49

三、花草画法

1.花草丛的几种画法

草丛是由小型植物汇聚的植物组合形式，一般以近景形式点缀在画面角落，体现野生的自然效果。草丛的画法没有固定的规则，需要注意的是叶片的前后穿插遮挡关系，以及各植物间的穿插、层次以及比例关系（图2-50—图2-53）。

图2-50 叶片穿插关系

图2-51 大叶片穿插关系

图2-52 植物间穿插关系

花丛有两种形式，一种近似于草丛，同样以近景形式汇集于画面的边角，起装饰作用，这种表现要细致一些，趋于写实。另一种是方案中经常出现的花池，通常被放在画面的中景部分，表现为连续的团状效果，不需要进行细致的刻画（图2-54—图2-55）。

2.草坪的几种画法

草坪是景观中构成绿色意境的重要部分。画草坪时注意笔触要概括，切忌一根根地描绘，使用多笔连续的笔触排列成面，然后笔触逐渐展开，自然地留出高光部分，整体应由暗到亮地表现（图2-56）。

图2-53

图2-54　近景花丛

图2-55　中景花池

　　绘画过程中要注意草坪色彩的透视表现。近处草坪色彩饱满丰富，远处色彩平淡，就能表现出近实远虚的效果，还可适当表现近处草坪在地面上的投影效果。同时也可以远处色彩饱满，近处色彩浅且明亮，这样也能表现出远近的透视效果（图2-57）。

　　上色时使用彩铅结合马克笔表现草坪颜色的渐变效果。先用水溶性彩铅平铺草地，注意颜色要有深浅虚实变化，过渡要自然柔和，然后再用马克笔平铺，注意线、面的结合。彩铅和马克笔的结合弥补了单一马克笔不易衔接的缺点（图2-58—图2-60）。

　　水彩表现坡地草坪时，用笔可稍灵活，描绘时可用倾斜的弧线笔触表示坡地的造型（图2-61）。

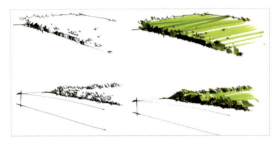

图2-56 草坪基本画法

图2-57 草坪透视关系

图2-58 草坪上色

图2-59 草坪阴影表现

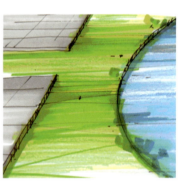

图2-60 草坪结构过渡

图2-61 坡地草坪表现

用一支笔就能表现出草坪的深浅明暗变化。用较用力的笔触从草坪边界开始画，然后笔触逐渐展开，自然地留出亮部高光，亮部的笔触尤其关键，展开时要干脆利落，不必追求完美无瑕。在草坪亮部可适当添加一些大小不一的黑点，起到活跃画面的作用（图2-62）。

水彩表现的草坪更具艺术效果，草坪中接近石景的部分要有立体石景的深色投影，在开阔处用固有色适当做些笔触，最近处可以留出高光（图 2-63）。

图2-62 草坪水彩表现

图2-63 草坪细节

节后练习

（1）根据以下植物平面图例，画出相应的植物单体效果图。

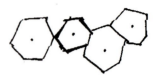

（2）给以下平面图中植物上色。

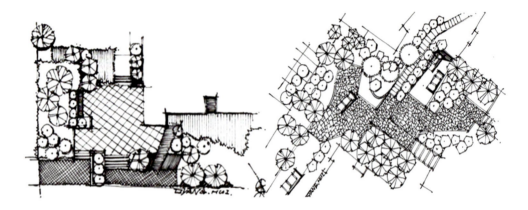

（3）给以下植物上色。

第二节　水体的画法

水体的出现会使画面更加灵动。水体可以分为平静水体和流动水体，流动水体包括跌水、水墙、喷泉等类型。

一、平静水体的画法

画平面图中的水体时，一般需水平运笔，但斜向运笔也有不错的效果。给水体上色时可以先用水溶性彩铅笔铺一层底色，然后用马克笔笔触顺着同一方向来画（图2-64—图2-66）。

以上画法也适用于绘制效果图里的开阔水体（图2-67—图2-69）。

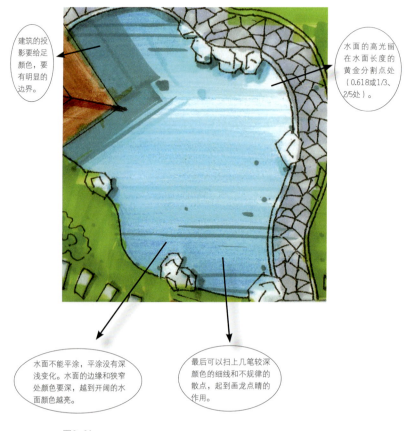

建筑的投影要给足颜色，要有明显的边界。

水面的高光留在水面长度的黄金分割点处（0.618或1/3、2/5处）。

水面不能平涂，平涂没有深浅变化。水面的边缘和狭窄处颜色要深，越到开阔的水面颜色越亮。

最后可以扫上几笔较深颜色的细线和不规律的散点，起到画龙点睛的作用。

图2-64

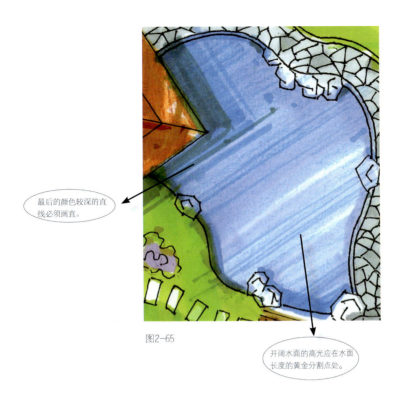

最后的颜色较深的直线必须画直。

图2-65

开阔水面的高光应在水面长度的黄金分割点处。

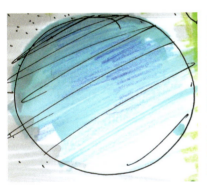

图2-66

图2-67

图2-68

图2-69

二、流动水体的画法

　　景观设计中流动水体的常见类型有跌水、水墙、喷泉等。此节以跌水为例，在描绘跌水时需先用针管笔勾画出少许水的动势，然后用浅蓝色马克笔顺着水的流向上色。运笔时要快速、准确且富有深浅变化，注意不能在画面上来回蹭、磨。画完后可在水体周围用蓝色马克笔添加少许飞溅的水花，或用高光笔（修正液）提亮局部（图2-70—图2-73）。

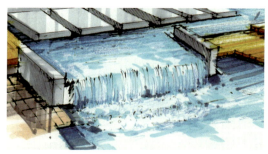

图2-70

图2-71

图2-72

图2-73

节后练习

（1）用彩铅给以下水体上色。

（2）给以下水体上色（不限定用笔）。

第三节 道路、广场的画法

一、道路的画法

常见的道路材质有木质、沥青、石材等类型。画道路时最好顺着道路的宽度线画，平行运笔。如果顺着长轴走向长线条地画，会画得不结实和不平整。效果图里的道路走向一般都是斜向的，应顺着路的走向绘制。

1.木质道路的画法

画木质道路一定要表现出木材的质感。可以先用彩铅铺一层底色，再用马克笔由浅到深来画（可用32、104、97号）。将彩铅与马克笔结合起来画木质道路，画出来道路的质感就会比较丰富（图2-74—图2-78）。

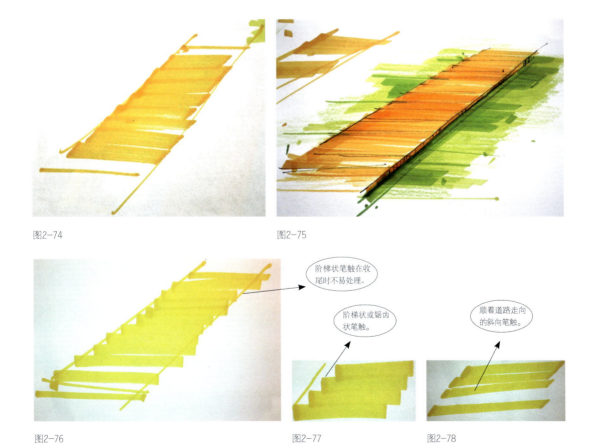

图2-74

图2-75

阶梯状笔触在收尾时不易处理。

阶梯状或锯齿状笔触。

顺着道路走向的斜向笔触。

图2-76

图2-77

图2-78

2.水泥道路的画法

水泥路面比较光滑，所以在画水泥路面时不需用彩铅打底色，颜色不用太深，但笔触一定要硬实、紧密（可用BG-3、BG-5号）。除此之外，笔触要顺着道路的弧度变化而变化，且下笔时笔触始终垂直于路边，但不能一成不变地平涂。在画面的黄金分割点处可以应适当作些笔触，丰富道路肌理（图2-79、图2-80）。

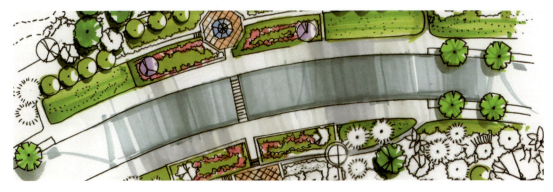

图2-79

图2-80

3.汀步和地砖的画法

绘制草坪上的汀步时，要做到造型优美，弧线漂亮。汀步多为石材，绘制时可以用冷灰色，也可以用暖灰色。图中所示汀步整体就铺了一层淡淡的暖灰色，局部上色需注意每一块汀步的颜色变化，近处的颜色变化丰富些，远处的应该平淡些。此外，汀步周围草坪的表现也很关键。

绘制地砖时，注意要画出层次变化、前后虚实变化，不可用同一颜色马克笔或彩铅平涂，即使是同一颜色的地砖，也应用不同的颜色来表现（图2-81—图2-83）。

　图2-81　石材上色示例

图2-82　汀步画法示例

图2-83　地砖画法示例

二、广场的画法

　　绘制广场时应注意地砖的透视变化，做到近大远小。广场上的树木、建筑等的投影在广场绘制的表现中也很重要，能丰富广场的光影效果（图2-84—图2-88）。

图2-84

图2-85

图2-86

图2-87

图2-88

节后练习

给以下道路及广场上色。

第四节 天空的画法

　　天空中的云朵姿态万千，富于变化。但手绘中的云主要起装饰作用，它们是为烘托树木、建筑等主体而服务的。手绘中在树冠、建筑轮廓处可以适当加深云朵的颜色来表现出树木、建筑的形体，但如果树冠、建筑周围全是均匀的深色，反而会使画面呆板突兀。天空本身是没有变化的，只是由于人的视觉距离远近不同，视野中看到的天空颜色产生了相应的变化。总的规律是越是近处颜色越纯，越是远处颜色越灰（图2-89—图2-92）。

富有装饰性的条状云应画得扁长、富有曲线变化。

建筑轮廓处的云朵较深。

朵状云。主要用彩铅笔呈45°角斜向运笔，上下游走着画，用力要有轻、有重，画出深浅变化，关键是留白处呈现云朵的轮廓。

图2-89

这样的竖向运笔的朵状云，其关键也是留出云朵的轮廓。右边天空景物少，所以云朵的面积可以大一些，左右比例可为1：3。

图2-90

阶梯状的笔触是非常忌讳的。

条状云切不可画成左右对称的叶片状。

图2-91　　　　　图2-92

可通过水平运笔表现出天空的宁静。具体画法是把彩铅笔削尖，平扫天空。建筑轮廓处颜色应深些，同时天空整体应富有深浅变化（图2-93）。

单用彩铅表现天空时，应呈45°角斜向运笔，上下游走着画，用力要有轻重及节奏感，画出深浅变化，关键是留白处呈现云朵的轮廓（图2-94、图2-95）。

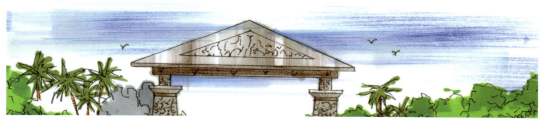

图2-93　宁静天空表现

图2-94　彩铅绘制天空

图2-95　彩铅绘制天空

单用马克笔表现天空时，也可呈45°角斜向用笔。可以由右下方向左上方游走，也可由左上方向右下方游走绘制（图2-96）。

用水彩技法表现天空时，一定要注意颜色的通透性。颜色不宜过深，应顺着树冠的轮廓着色，再左右铺开，要有一侧是主体色，切忌左右色彩面积均等（图2-97）。

表现傍晚的晚霞时，色彩要以暖橙色为主。先铺淡淡的暖色底色，然后再用较深的橙色笔触一笔一笔地画出云朵（图2-98）。

单独用彩铅笔画的天空只需再用毛笔蘸水打湿彩铅，就可得到水彩的效果（图2-99）。

图2-96　马克笔绘制天空

图2-97　水彩绘制天空

图2-98　傍晚天空表现

图2-99　彩铅打湿效果

　　想要表现出特殊的天空效果，可以先用彩铅笔大致勾画出云朵的造型，然后用马克笔沿云朵轮廓上色，在画面右上角用重笔触凸显出建筑的轮廓。此时彩铅笔的走向飘忽不定，似乱非乱，有一定规律在里面（图2-100）。

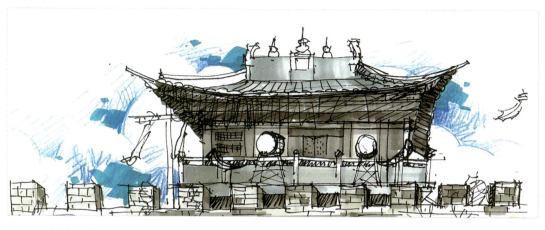

图2-100 特殊天空表现效果

节后练习

用三种不同的画法给以下景物中的天空上色。

第五节 石材的画法

石头形状多样且每块石头都存在明、暗、灰三大面。在绘制石头时，只需简洁地描绘出轮廓，分清明、暗、灰关系，就可以表现出石头的立体感（图2-101、图2-102）。

绘制石凳时，画出凳面质感很关键。凳面要有光影变化，凳面一侧笔触要丰富一些，运笔干脆利落（图2-103）。

石头的明、暗面要分明，笔触要明显。最关键的是亮面的处理，亮面下面的部分颜色深些，上面的部分笔触需逐渐放开，留出高光（图2-104）。

图2-101

图2-102

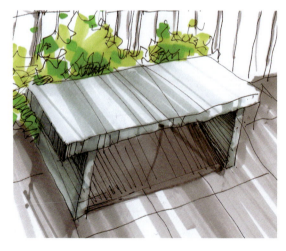

图2-103

图2-104

绘制水上的汀步石时，一般采用竖向运笔，并用粗细笔触结合的方式表现出光影效果。但同时也要考虑水面的色彩（图2-105）。

水彩表现的石头也要分出亮面、暗面和灰面。亮面可以上点淡淡的色彩，暗面颜色深可以用针管笔刻画一些暗部的结构，以此丰富形体。尤其注意明暗交界线处的处理，此线颜色最深。此外暗部还可以适当添加些灰、蓝、紫色、能使画面色彩更丰富（图2-106—图2-108）。

图2-105

图2-106

图2-107

图2-108

节后练习

给以下石材上色。

第六节 建筑及其他景观设施的画法

一、建筑的画法

平面图中，建筑屋顶如果有结构，就要分出明、暗面。明面要有较细致的刻画，需留出高光，明暗交界线要重点突出；暗面也应该有笔触的变化。建筑顶部颜色画得应深些，往边缘颜色逐渐变淡（图2-109、图2-110）。

在画建筑局部效果图时，任何单体建筑都应画出层次感，要注意透视关系、虚实关系、远近关系的协调，切不可把建筑画得死板和呆滞（图2-111）。

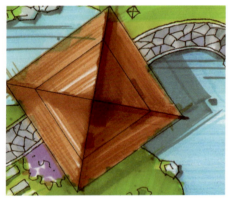

图2-109

图2-110

图2-111

二、其他景观设施的画法

景观设施包括各种园林座椅、阳伞、花钵、雕塑等。在绘制时要充分考虑周围环境的影响，明、暗部要分清，地面上要有投影，环境色要搭配协调（图2-112—图2-119）。

玻璃的色调整体明亮。因此，在绘制时高光是必需的，但也要适当添加些深颜色，笔触要干脆利落（图2-120、图2-121）。

绘制规则的木质景观雕塑设施时一定要注意透视变化（图2-122）。

图2-112

图2-113

图2-114

图2-115

图2-116

图2-117

图2-118

图2-119

图2-120

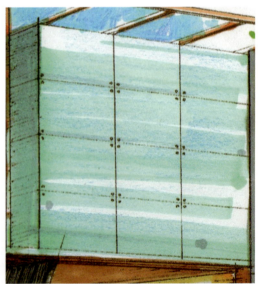

图2-121

图2-122

节后练习

给以下建筑及景观设施上色。

第三章

平面图、立面图、剖面图的表现技法

学习重点：掌握景观设计手绘表现平面图、立面图和
剖面图的表现技法。

知识要点：景观设计手绘平面图表现技法、上色技法，
立面图、剖面图快速表现和精细表现。

第一节 景观设计方案平面图的手绘表现技法

一、彩色平面图快速表现技法

　　景观平面图虽没有效果图那样丰富的画面效果，但绘制时可以尽量画得立体些，注意整个平面图要有统一的光源来向。

　　同样材质的道路笔触尽可能画得有变化。

　　画木质道路时颜色和笔触不能完全平铺，主体部分应着重刻画，边缘部分可合理省略。一般先用彩铅铺相应材质的底色，再用马克笔上色，这样画面会相对细腻丰富些。

　　水体驳岸转折处由于光线作用在水里会有投影，导致水体在宽阔的水域比较亮，在狭窄的水域比较暗。

　　画草坪可以将草坪边缘颜色画重些，尤其草坪边缘有植物时，靠近植物的地方要加重颜色，再添加合理的过渡颜色，画出明暗效果。

　　树冠的平面图要画出明、暗部以及地面上的投影（图3-1—图3-8）。

图3-1

图3-2

图3-3

图3-4

图3-5

图3-6

图3-7 作者：窦学武

图3-8

二、彩色平面图精细表现

　　彩色平面图精细表现要求线稿刻画细腻。平面图中树要画得树形丰富，树冠也要留出高光，树冠在地面上要有投影等。地面道路要铺装整齐，景观各元素色彩均匀，过渡自然，尽可能地体现出明暗变化（图3-9、图3-10）。

图3-9

　　　图3-10

节后练习

（1）把以下两幅电脑设计的景观平面图绘成手绘彩色平面图。

通风采光井
黄色水刷石鱼缸
黄色水刷石挡土沿
防腐木围栏

特色树池景墙
步石
人工假山
青石水缸
绿岛

防腐木廊架
防腐木地台
枯山水假山
河卵石散铺

休息桌椅　白色卵石旱河

（2）抄绘以下三幅手绘景观平面图。

生态溪　艺术雕塑柱　夏芳居　回眸观景台　主题雕塑：　　观景平台
　　花径　　　　　　　　　　　　　　　东湖春晓　"海印"石　　　主景石

N

主入口　　主景石

平面方案图

设计图纸

园林景观大道入口

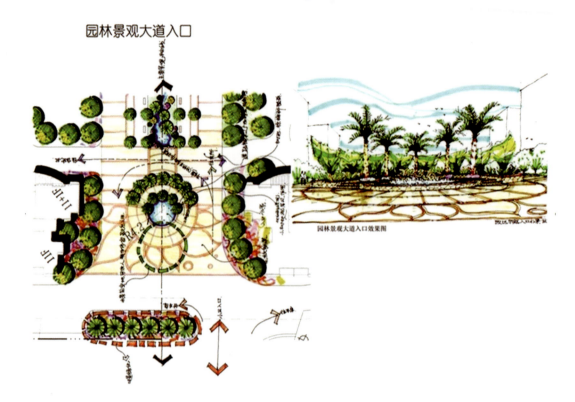

园林景观大道入口效果图

1 中心广场
2 旱喷泉广场
3 游泳池
4 幼儿园
5 公园主入口
6 老人健身区
7 置石景观
8 车库入口景观节点
9 砂石按摩道景观节点
10 圆形景观节点
11 高尔夫球场
12 卫生间
13 沿湖景观

安徽国际华城环境景观方案扩初设计

第二节 景观设计方案立面图、剖面图的手绘表现技法

一、立面图、剖面图快速表现

景观立面图、剖面图快速表现也要求画面有统一的光源来向，所有的景物都要有明、暗部。近处的主体景观要素要有高光和反光部分，应完整细致地刻画，远处背景处的景物可以整体粗略地绘制。天空也是立面图、剖面图中不可缺少的内容，下笔时可以沿着树冠或建筑等的边缘开始绘制，但注意尽量不要把整个树冠的边缘都包围住，否则会显得死板。在立面图地面处一定要画一条粗实线，着重加深，剖面图里的地形截面线随地形起伏也要相应加深（图3-11—图3-17）。

图3-11

图3-12

图3-13

图3-14

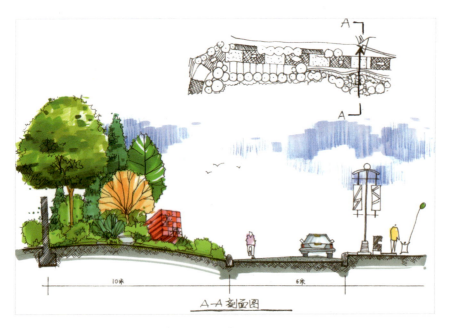

图3-15

图3-17 作者：窦学武

二、 立面图、剖面图的精细表现

　　景观立面图、剖面图的精细表现要求线稿刻画细腻，比例准确。图线应该用尺子比着画，使得景物表现更加细腻深入（图3-18—图3-20）。

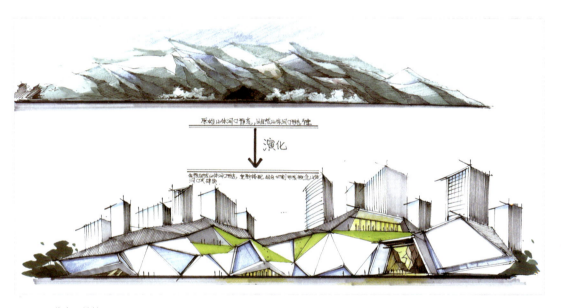

图3-18 作者：杜健

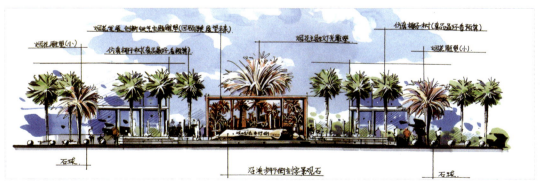

图3-19

无锡古运河棚下街景观改造立面

图3-20

节后练习

（1）把下面这幅电脑设计的景观立面图绘成手绘彩色立面图。

（2）抄绘下面三幅手绘立面图。

海风西园C2区焦点景观立面图

第四章

景观设计方案效果图的透视表现技法

学习重点：掌握景观设计手绘透视效果图，根据平面图绘制透视效果图。

知识要点：一点透视的画法，两点透视的画法，效果图的上色步骤。

第一节　根据平面图绘制一点透视效果图

一、一点透视手绘线稿绘制

根据所给定的景观平面图（图4-1）绘制一点透视效果图。

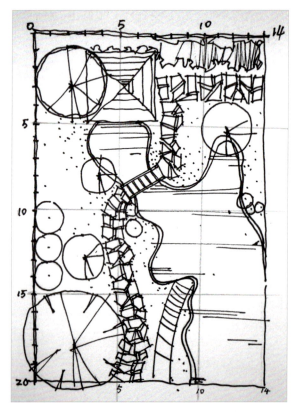

图4-1　示例平面图

1.视线法

首先我们通常会想到一点透视画法——视线法（此方法已在相关的制图课或透视学课讲解过，这里就不再细述）。

但是，平面图要足够大，透视图才能相应地画大，所以这种方法存在局限性，画出的效果图不适宜画在A4等小图纸上，且效果图不能充满整张图纸（图4-2）。

2.测点法

"测点法"也称距点法，用这种方法做透视比较简单，且较为准确，具体操作是按透视原理在平面图（图4-3）上定出测点，然后根据形体的长、宽、高尺寸进行作图，使用这种方法获得的透视图比较

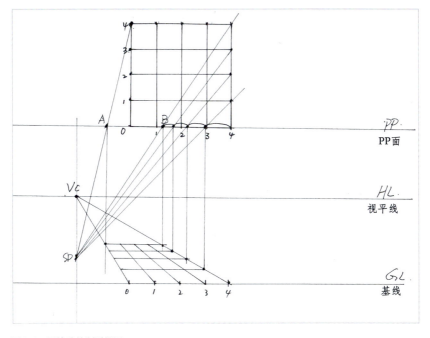

图4-2 视线法绘制透视图

逼真，故应用广泛。

"测点"是在直线的透视图上确定透视长度（进深）的测量辅助点。如下面的案例所示，为了确定透视前后10m的进深长度，就在基线（GL）上0m处向左按比例量得长10m等分点，以此10m点为开始，向斜左上方找测点（DL），与视高夹角为20°～40°，测点一定是在视平线（HL）上。将测点与10m等分点连接并延长至地面上的左侧透视线上即可得10m的透视长度（图4-4）。此方法简便易行，容易理解和掌握，按照此原理便可一步步作图获得透视图（图4-5）。

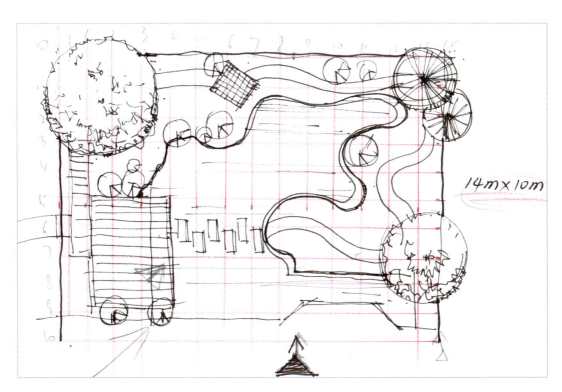

14m×10m

图4-3 平面图上画等分线

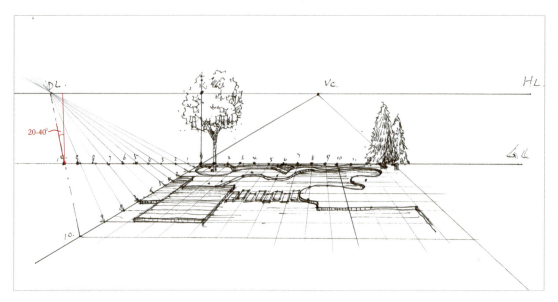

图4-4 找"测点"

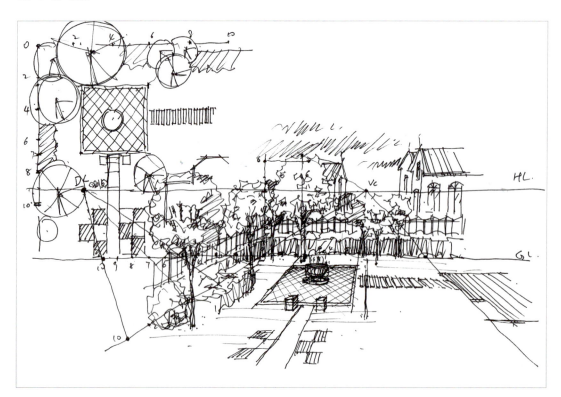

图4-5 测点法示意图

以下是"测点法"透视线稿绘制步骤：

（1）已知景观平面图是14m×20m的尺寸，先用铅笔画出基线（GL），再画出垂直于基线的视高线，在基线上初定出14m比例的宽度（图4-6）。

（2）在基线上方画出视平线（HL），在视高线上初步确定视高为5m（室外景观图视高稍高些，可以观者使看到的景物比较丰富。就这张平面图的面积来说，视高可以选择1.5~7m），在视平线上确定灭点（VC），为了避免画面效果呆板，灭点不宜选在中点处，可选偏右一点，这样可以使透视图能以更好的角度展现建筑等景物（图4-7）。

图4-6　"测点法"绘图步骤1

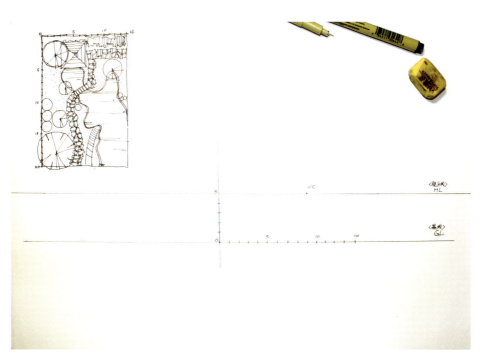

图4-7　"测点法"绘图步骤2

（3）分别连接灭点（VC）与"0m"点、灭点（VC）与"14m"点，并延长确定出透视图的地面左右边界。接下来在基线（GL）上从"0m"点处反向量取进深20m的点，然后从"20m"的这个点向斜左上方作延长线交视平线于DL点（测点）。需要注意的是向左上方倾斜的角度为20°～40°比较合适，连接"DL"点与"20m"点，并延长交左边界于一点，这个点就是画面的最前点，此时地面的前后左右范围都确定了。接下来用同样的方法，在左边界线上可以确定15m处、10m处、5m处等相应的各点（图4-8）。

图4-8 "测点法"绘图步骤3

（4）先画出画面的主体建筑——木亭。根据平面图所示，亭子的长、宽都是4m，通常情况下这种尺寸的亭子高度也在4m左右。先确定亭子的地面投影，再确定亭子的高度（图4-9）。

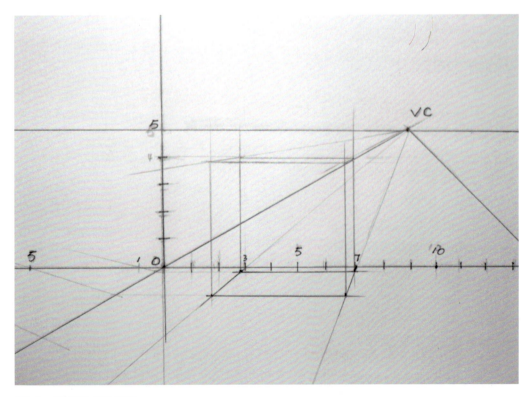

图4-9 "测点法"绘图步骤4

（5）画出亭子的盖子，亭子盖高约1.5m，注意亭子尖在亭子地面投影对角线交点的垂线上（图4-10）。

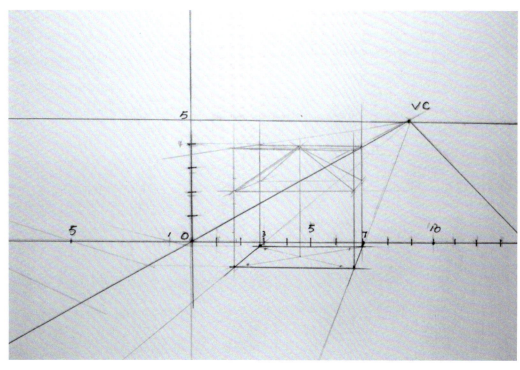

图4-10　"测点法"绘图步骤5

（6）画出完整的亭子，亭子作为效果图主景，尽量深入刻画（图4-11）。

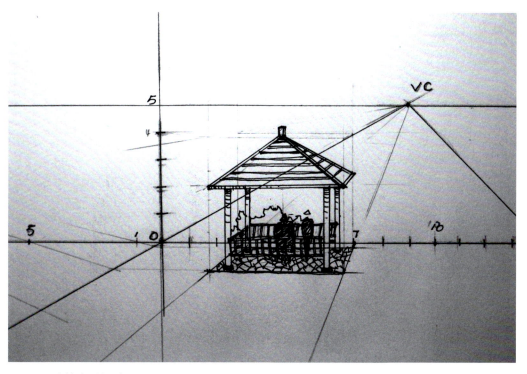

图4-11　"测点法"绘图步骤6

（7）接下来确定水体的边界，可以在平面图上打上按比例1m²左右大小的格子，找出格子与水体的交点，然后在透视图上找出这些交点相应的位置。确定水体边界时同步画出主要的树木（图4-12）。

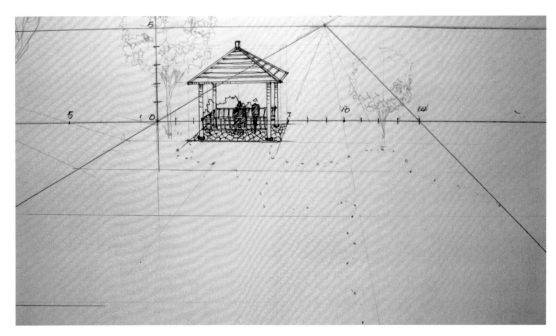

图4-12　"测点法"绘图步骤7

（8）把找到的交点用平滑的曲线连接起来，水体边界就确定了（图4-13）。

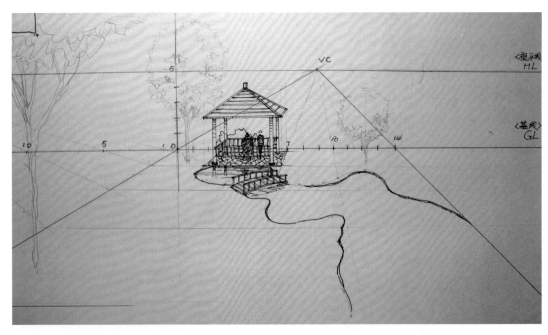

图4-13　"测点法"绘图步骤8

（9）画出水面上的木桥、水边的石块、碎石板路、乔木、灌木等（图4-14）。

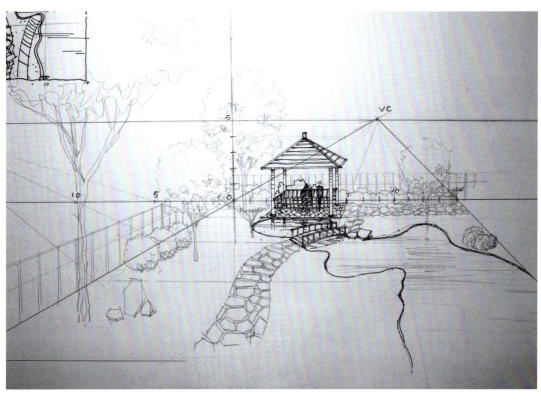

图4-14 "测点法"绘图步骤9

（10）最后用针管笔画好所有景物，用橡皮擦掉铅笔稿线（图4-15）。

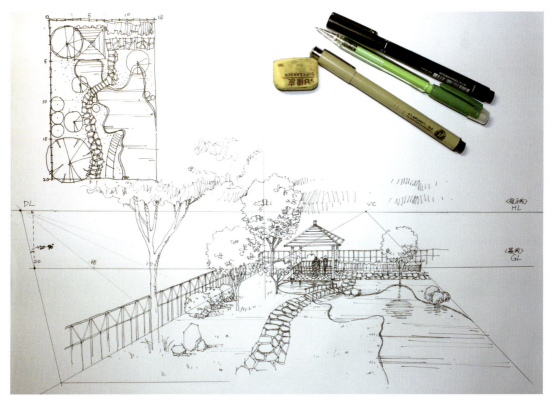

图4-15 "测点法"绘图步骤10

（11）最终得到一点透视效果图（图4-16）。

图4-16　"测点法"绘图步骤11

二、一点透视图彩铅、马克笔上色步骤

（1）先用彩铅把大面积的草坪和水体铺上一层底色，用水平的笔触画出初步的深浅变化（图4-17）。

　图4-17　彩铅、马克笔上色步骤1

（2）用touch牌马克笔的48号色铺一遍草坪色，用67号色给水体铺上第一遍颜色，笔触要有重叠，表现出细微变化（图4-18）。

图4-18 彩铅、马克笔上色步骤2

（3）再用47号色画草坪的第二遍颜色，这时要注意笔触的变化，近处笔触要明显而肯定，笔触注意点、线、面的结合。远处草坪颜色要深些，近处草坪颜色要浅些，以体现远近明暗透视效果（图4-19）。

图4-19 彩铅、马克笔上色步骤3

（4）主体树的树冠在用彩铅打底色时，注意明暗部拉开对比（图4-20）。

图4-20　彩铅、马克笔上色步骤4

（5）给主体树及灌木上色，给足树冠的亮部固有色（图4-21）。

　图4-21　彩铅、马克笔上色步骤5

（6）最后画上石板路、建筑、天空和水面的细节等（图4-22、图4-23）。

图4-22　彩铅、马克笔上色步骤6

图4-23　彩铅、马克笔上色步骤7

三、一点透视水彩表现

在平面图（图4-24）中可以看出，画面以对比为主，桥的生硬折线与曲线水岸形成对比；桥的新式铺装材料与小屋的木质材料形成对比；开阔的水面空间与幽闭的针叶林空间形成对比；低矮的灌木丛与高大的乔木形成对比；参差不齐的置石与整齐的园路形成对比。

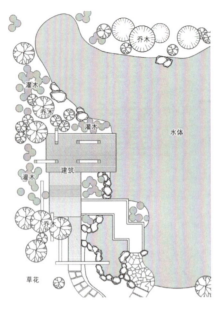

图4-24

透视效果图观者的站立点位置宜选在通畅的道路上，这样视线也通畅。主体建筑放在画面左侧的视觉中心。

效果图水彩表现，重在体现水彩的通透性，近处植物明度高，远处植物明度低；近处水体颜色丰富且明暗对比明显，远处水体颜色透明且对比较弱（图4-25）。

图4-25

在进行园林效果图表现之前，要对平面图（图4-26）进行综合分析，首先确定所要绘制的景观内容，然后选择所要绘制的景观内容的合理透视角度，分析植物、建筑、地面等景观要素的色彩与造型，并确定构景要素的细部结构。在进行园林效果图上色时，应充分利用水彩特性，用色要准确，采用淡彩的形式，使画面显得透明、轻快。

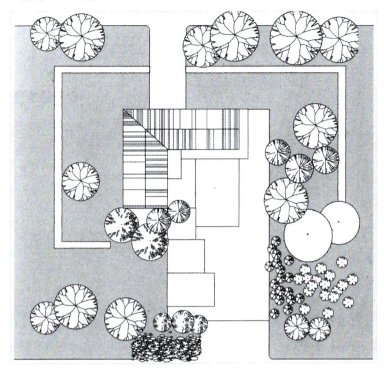

图4-26　景观平面图

以下是"一点透视效果图水彩技法"的上色步骤示范：

①先从不同的角度用铅笔勾画透视草图，从中选出比较理想的草图作为正式稿，用钢笔或中性笔来定稿。线稿可采用双勾或略带影调的形式，准确地把握各种植物与建筑形体的特征（图4-27）。直线或几何曲线可采用辅助工具绘制，如直尺、三角板等。

②用群青加少许酞青蓝晕染的颜色画出天空后，用群青和中黄调出的冷绿色画出最远处的树丛，要画得上重下轻略有变化，不必过多强调体积感，用柠檬黄先将中景部分植物整体平涂，待水分干后用中黄和酞青蓝调出的绿色画出植物的背光部分（图4-28）。

图4-27　水彩技法上色步骤1　　　　　　　图4-28　水彩技法上色步骤2

③重复上一步骤继续刻画中景，并用土黄、褐色、酞青蓝调出暖黄色彩，用此色将地面统一罩染一遍（图4-29）。

④重复上一步骤对绿色植物的表现，继续画近景中的植物。用土黄色平涂罩染屋顶和墙体的受光部分，用群青平涂罩染出屋顶和墙体的背光部分，待水分稍干后，用褐色对墙面的细节进行刻画（图4-30）。

⑤对地面的台阶投影部分以及近景中的植物作细节描绘（图4-31）。

⑥画出屋顶受光部瓦片的效果，调整整体画面色彩关系，直至完成最终效果图（图4-32）。

图4-29　水彩技法上色步骤3

图4-30　水彩技法上色步骤4

图4-31　水彩技法上色步骤5

图4-32　水彩技法上色步骤6

节后练习

（1）根据以下景观平面图，绘制出相应的一点透视效果图。

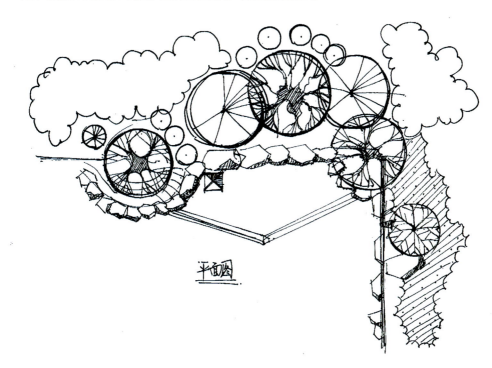

平面图

（2）根据以下景观平面图，选出两处主要景观绘制局部一点透视效果图。

第二节　根据平面图绘制两点透视效果图

一、两点透视手绘线稿

根据图4-33提供的景观平面图绘制两点透视效果图。

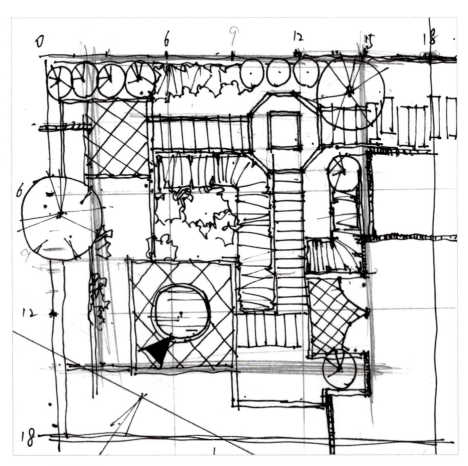

图4-33　景观平面图

1.视线法

首先我们会想到通常的两点透视画法——视线法。但是，平面图要画得足够大，透视图才会相应地画大，所以这种方法存在局限性，画出的效果图不适宜画在A4等小图纸上，且效果图不能充满整张图纸（图4-34）。

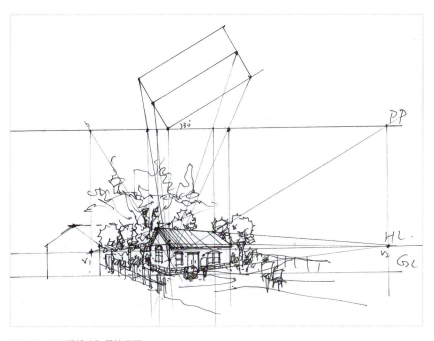

图4-34 用"视线法"画效果图

　　如果用"视线法"绘制透视图，就需要把平面图旋转30°。通常平面图的长边和水平线呈30°夹角（图4-35）。

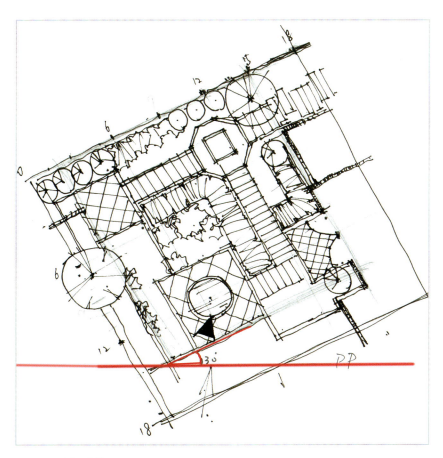

图4-35　平面图旋转30°

2.量点法

也可使用"量点法"来绘制两点透视图。"量点法"的具体操作可见下图（图4-36、图4-37）。

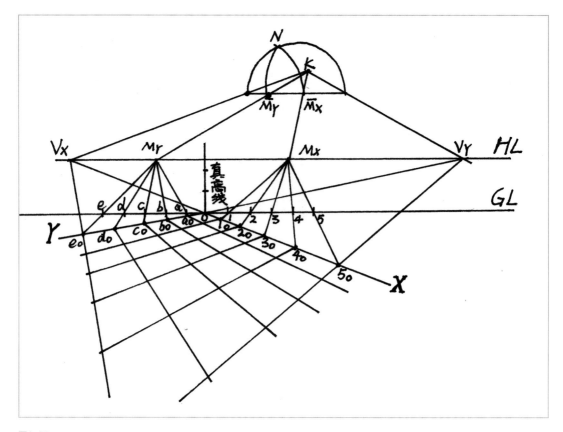

图4-36

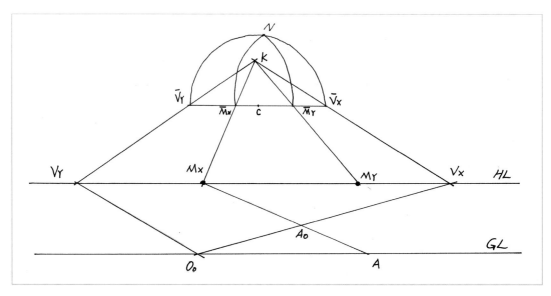

图4-37

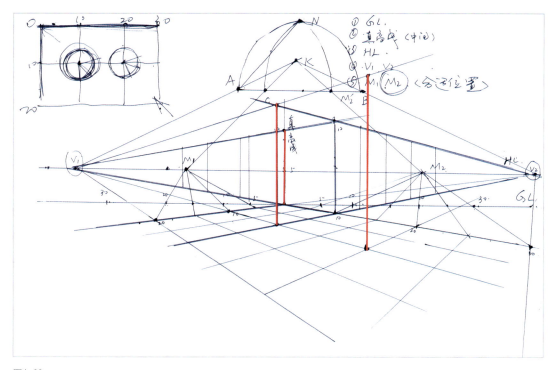

图4-38

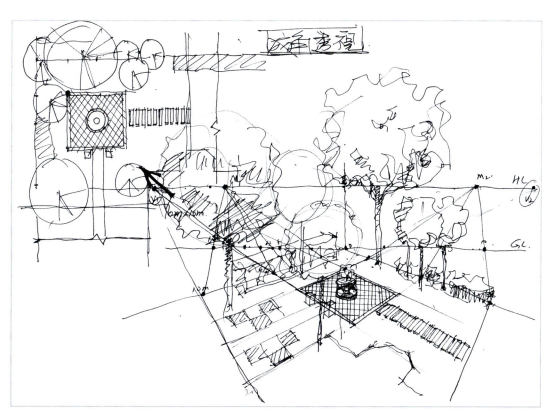

图4-39

以下是"量点法"两点透视图线稿绘制方法和步骤（图4-38）：

（1）画出基线（GL）；视平线（HL）；真高线；视高定为5m。

（2）在视平线两端合适位置定出两个灭点（V₁、V₂）；分别将V₁和"0m"点、V₂和"0m"点连接并延长，连接V₂和0 m点并延长，这就可确定出画面左右边界线。

（3）在视平线上V₁点与真高线之间合适的位置（一般是离V₁点近一些）确定第一个测点M₁。

（4）在视平线上方合适位置定一点"K"；连接K点与V₁点、K点与M₁点、K点与V₂点；在视平线上方合适位置作视平线的平行线（HL线和K点之间略偏上位置）分别交KV₁、KV₂、KM₁于"A""B""C"三点。

（5）以AB为直径画圆；再以B点为圆心、BC为半径画圆。两圆相交得"N"点，再以A为圆心、AN为半径画圆交AB线于"M′₂"点；连接"K"点与"M′₂"点并延长交视平线（HL）于"M₂"点，确定了第二个测点M₂。

（6）M₁与基线左侧5m、10m、15m、20m位置所在点连接并延长交边界线，就得出了透视状态下的左侧边界线上5m、10m、15m、20m的位置；同样利用M₂点可得出右侧边界线上5m、10m、15m、20m、25m、30m的位置。

（7）画出地面透视网格。根据树木平面图可估计出冠幅在7m左右，于是可推断出树高在10m左右。首先在真高线上确定10m的高度；接着确定树木种植点在透视网格上的位置，然后定高度；最后利用真高线、透视关系确定两棵树的高度，这样就能画出两棵树在20m×30m范围内的两点透视图（图4-39）。

以下是"测点法"透视线稿绘制方法和步骤：

（1）已知庭院景观平面图（图4-40）中实景是18m×18m的尺寸，首先确定最佳的站立点，因为从平面图左下角向右上角看，看到的景物最多，景观形体最丰富，透视效果图更好，因此站立点定于平面图左下角。

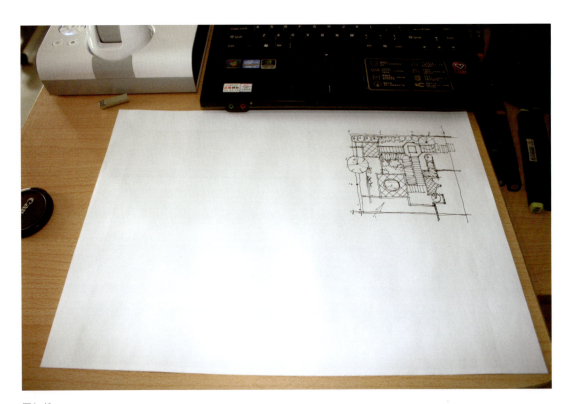

图4-40

（2）画出基线（GL），在基线上定出左右两侧的18 m比例点；视高设定为3 m比例，画出视平线（HL）（图4-41）。

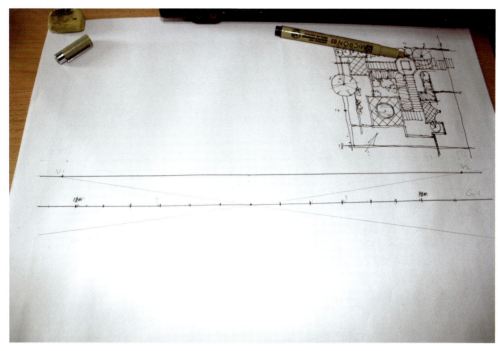

图4-41

（3）在视平线两端合适位置确定两个灭点V₁、V₂，分别将V₁和0点、V₂和0点连接并作延长线，确定出左右边界线（图4-42）。

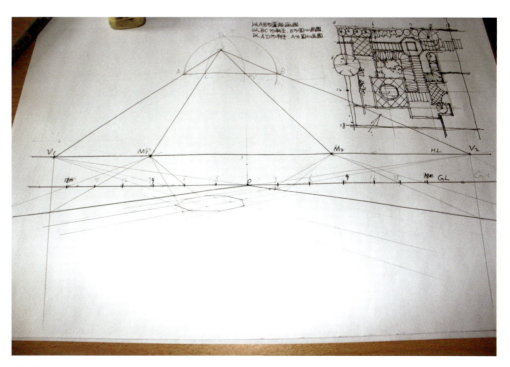

图4-42

（4）使用两点透视"量点法"找出两个测点"M₁""M₂"；在地面上先画出八边形地面铺装的位置（图4-43）。

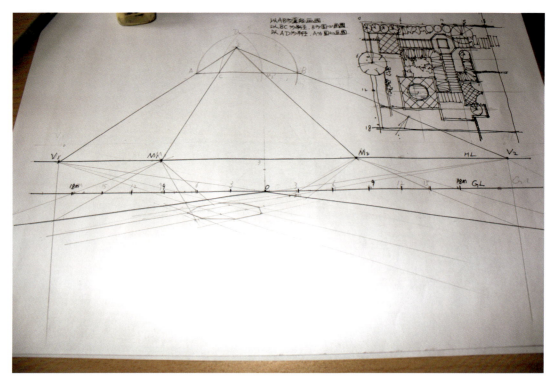

图4-43

（5）画出主干道路以及主要的景观区域的轮廓（图4-44）。

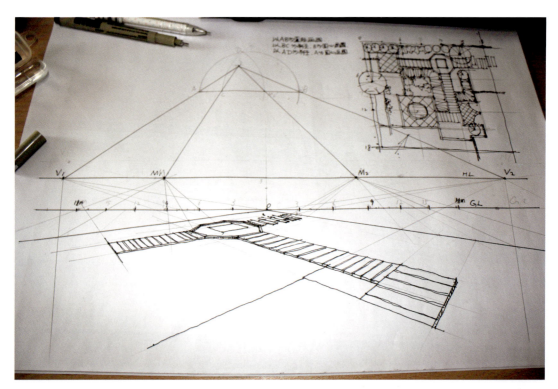

　图4-44

（6）画出绿篱、主要树木、景石、桌椅、地面铺装纹理景观等（图4-45）。

图4-45

（7）画上庭院周围建筑其他配景，丰富画面效果（图4-46）。

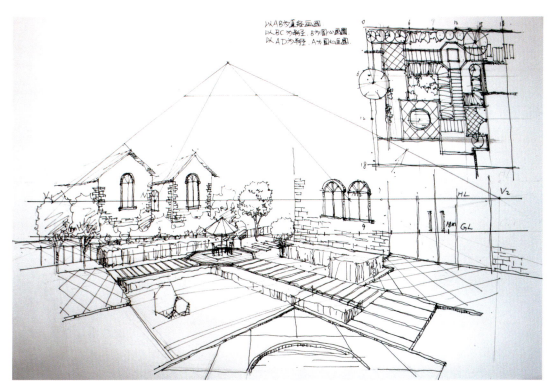

图4-46

二、两点透视彩铅、马克笔上色步骤

（1）先给木质铺装道路上色，用"touch"马克笔34号色铺第一遍色，再用31号上第二遍色，加深木色。远处的道路颜色可以稍深一些，近处的道路色彩明亮一些（图4-47）。

图4-47

（2）在木质道路上画上建筑等的倒影，增强质感，笔触要沉稳有力。室外地砖上色用暖色系颜色，也要画出光影变化（图4-48）。

图4-48

（3）给草坪上颜色第一遍通常用48号马克笔，但笔触不要太硬，要做到颜色整体统一而又有所变化，远处草坪颜色要画得平淡一些（图4-49）。

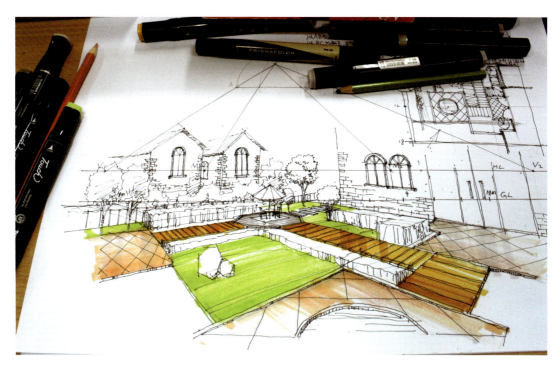

图4-49

（4）近处的草坪用47号笔，笔触可以明显些。注意点、线、面笔触相结合，尤其要关注"点"活跃画面的作用。此外，还要注意草坪要有较亮的部分（图4-50）。

图4-50

（5）给绿篱上色要注意高、低处绿色搭配。绿篱明、暗、灰面要分出来，明面可先用彩铅添加适当色彩，再用马克笔进行色彩过渡（图4-51）。

图4-51

（6）给背景处的树木、建筑等一般最后上色，背景树颜色深浅变化尽量不要太大，要避免对比过强而显得突兀（图4-52）。

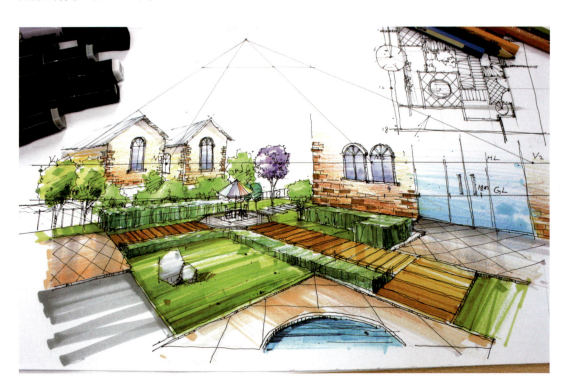

图4-52

（7）最后把天空渲染一下，检查整个画面，进行最后的调整（图4-53）。

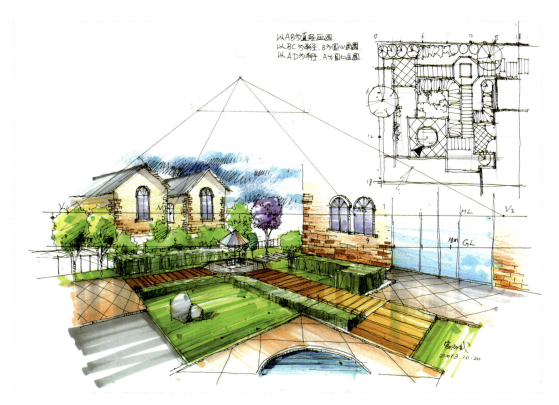

图4-53

三、两点透视水彩表现

下面的平面图是景园内一处以生态为主题的景观。趣味横生的木质坐凳、方形的木质景观柱、圆形的木质篱笆、线形的木质花池、木质的漏窗屏风。圆形的木质篱笆错落有致，给人一种现代律动感。方形的木质景观柱与木质的漏窗屏风又具有强烈的古典意味，是传统与现代的完美结合（图4-54）。

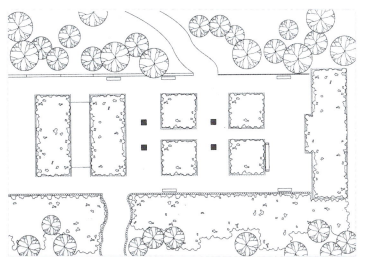

图4-54

　　绘制透视效果图时站点的位置选在平面图的45°角处，视线通畅，看到的景物丰富而立体。主体景观应放在画面中心偏左上角的视觉中心附近。

　　水彩表现，重在体现水彩的通透性。要注意画面近处植物明度高，画面远处作为背景的植物明度低（图4-55）。

图4-55

节后练习

（1）根据给定的景观平面图，画出相应的两点透视效果图。

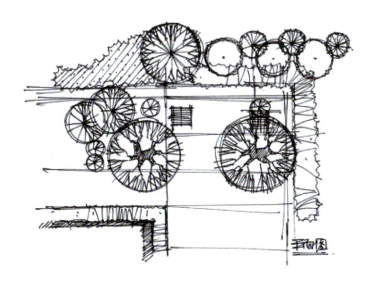

（2）根据给定的景观平面图选出两处局部主要景观，画出相应的两点透视效果图。

第三节 景观设计鸟瞰图的绘制技法

一、鸟瞰图手绘线稿的绘制

画鸟瞰图，通常用两点透视的"视线法"。这时视平线要有一定的高度，具体视线高度要看所表现对象的面积和内容。

鸟瞰图绘制步骤如下：

（1）把平面图尽量放大些。

（2）平面图长边旋转30°，按照视线法一步步画出鸟瞰图。

（3）用复印机扩印，把所得的小鸟瞰图扩印到理想的大小。

（4）再在扩印好的鸟瞰图地面尽量细致地划分出网格。

（5）最后在确定好的网格里定位景观内容即可。

可以把地面网格图扩印成任意想要的大小，直接绘制鸟瞰图。也可以把此图镜像成另一个角度来使用（图4-56、图4-57）。

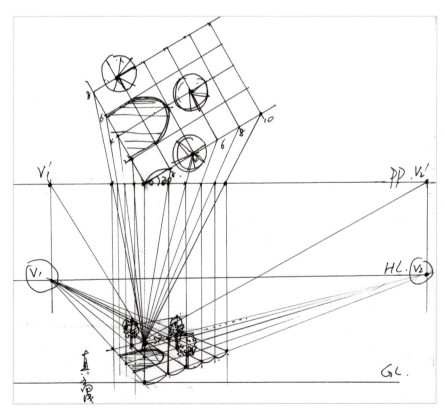

图4-56

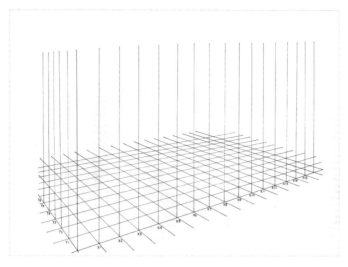

图4-57

1.鸟瞰图手绘线稿示例（图4-58—图4-60）

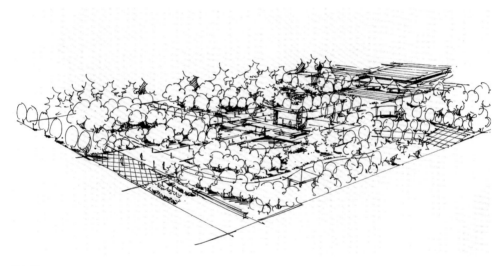

图4-58

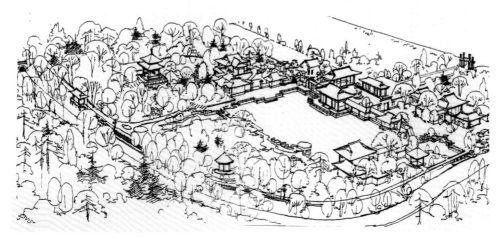

图4-59

加拿大多伦多嘉明园鸟瞰

图4-60

2.鸟瞰图效果绘制示例（图4-61—图4-65）

图4-61

图4-62

图4-63

图4-64

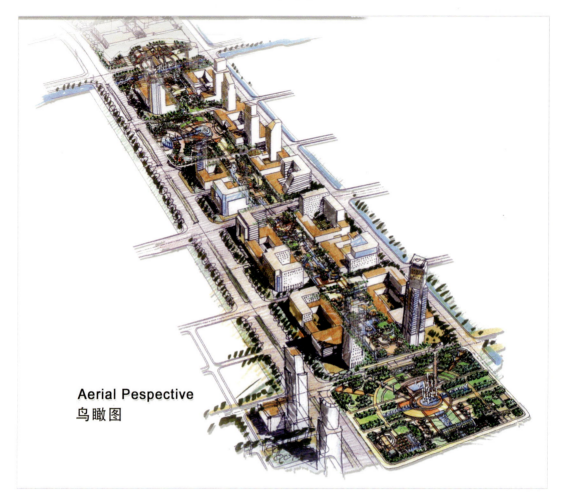

Aerial Pespective
鸟瞰图

图4-65

3.鸟瞰图的快速表现示例（图4-66—图4-68）

图4-66

图4-67

图4-68

二、鸟瞰图水彩表现

鸟瞰图既要画出俯瞰的效果，也要注意画面透视关系。近处的植物应深入刻画，远处的背景植物可以概括表现。

给出的平面图中两组主要建筑物分别处于画面左右两个视觉中心处，主次明确，通过对园路的设计呈现出了丰富的视觉效果。鸟瞰图也是效果图的一种，要选择最精彩的部分进行表现。图示的鸟瞰图就画出了平面图中最精彩的部分（图4-69、图4-70）。

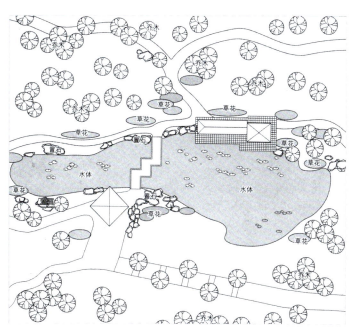

图4-69

图4-70

节后练习

（1）根据给定的景观平面图，绘制出相应的鸟瞰图。

（2）根据给定的景观平面图，选择合适角度绘制出相应的鸟瞰图。

第四节 景观手绘表现图的其他辅助创作方法

景观手绘表现图的绘制是一种想象与创作相结合的过程。除了要客观真实地描绘实在景观之外，还需个人主观添加和安排一些配景的内容和位置，来营造场景氛围。景观手绘表现图不像一般绘画那样讲究神韵和内涵，更多追求的是形似；也不像艺术创作那样每件作品都带有强烈的个性特征，更多的是展现共性特征。因此，景观表现图的绘制也需要掌握一套熟练的绘制方法和步骤。

1.借助计算机绘制效果图

计算机作为最先进的绘图工具之一，已被大家所熟知。手绘图很难与计算机渲染图的准确性和真实性相比，计算机渲染图也很难与手绘图的艺术性和便捷性相比，两者都有各自的优点，也都存在着局限性。在设计的表现手法上，各自都占有一定的市场和位置。可以在绘制手绘表现图的过程中，取计算机之长，来弥补手绘图创作中的一些弱势，提高手绘表现图的工作效率。计算机可以帮助选择无穷的视点视域，以及某些实际不能拍摄到的角度。绘制时，可以利用计算机快速创建所要表现的景观场景的基本模块；尽管计算机绘制的形体很简单，没有色彩，也没有细节，但其比例、透视、角度都可作为绘制景观手绘表现图的准确依据。当现实场景的基本模块在计算机中被建立后，通过打印机将其输出，就能得到钢笔稿的基本框架；再利用硫酸纸拷贝打印稿并深化，刻画出景观的结构和细节，最后增添植物、人物、车辆等配景以烘托画作的氛围，在完成所有步骤后即可得到最终效果图。具体操作步骤如下：

（1）通过电脑搭建场景的基本模块，并确定视点及角度（图4-71）。

（2）在打印的图面上，采用随意自由的线条，描绘所要表现的大致内容（图4-72）。

图4-71

图4-72

（3）通过硫酸纸拷贝画面，并确定所要表现物体的大致轮廓或某几处定点（图4-73）。

（4）将硫酸纸的图面转印在复印纸或特殊的纸张上，进一步深化，完成画面内容（图4-74）。

（5）得到最终线稿，上色后得到最终效果图（图4-75、图4-76）。

图4-73

图4-74

图4-75

图4-76

2.借助复印机绘制效果图

　　复印机是现代最常见的办公设备，它可将同一图像按不同比例放大或缩小进行复制。复印机是绘图过程中控制配景比例大小的最好帮手，特别适合用于对人物、车辆的比例缩放，也是绘制景观表现图过程中最常用的一种辅助工具。

第五节 草图快速表现

　　草图是设计构思最便捷的方法和表现手段之一。训练画草图可以培养我们的思维和由抽象到具体的快速表达能力。

　　评价一幅草图优秀与否的标准并不是看其内容和形式表现得是否深入和到位，而是要看它是否表达出了设计意图。草图表达出的感觉应该是思维的连续跳动，这种思维的跳动是整体的、一气呵成的。所以说，手绘草图是设计师迸发的思维和灵感的体现。

　　手绘草图通常在设计的前期阶段出现，是设计构思思路的体现。通过不同的视角、风格来表达设计意图，最后的设计和前期草图有可能画的完全不一样，但这也是设计思想碰撞、取舍和改进的结果。很显然，如果没有草图阶段，是很难一步就把设计做完善的（图4-77—图4-85）。

图4-77

图4-78

图4-79

图4-80

图4-81

图4-82

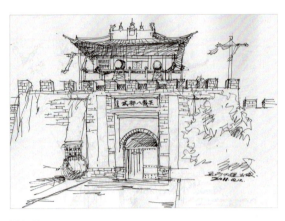

图4-83

图4-84

图4-85

摩洛哥马拉
喀什神秘花
园Le jardin
secret写生1

摩洛哥马拉
喀什神秘花
园写生2

任务实践篇

JINGGUAN SHEJI SHOUHUI XIAOGUOTU BIAOXIAN

第五章

任务实践

学习重点：掌握手绘精细表现在实际景观设计、方案中的表达，手绘快速表现在概念性景观设计方案中的表达。

知识要点：各类手绘技法在实际景观设计工程中的应用，包括彩铅技法、马克笔技法、水彩技法、综合技法以及电脑手绘技法。

任务实践一　马克笔表现——河北霸州某住宅小区景观设计深化方案（整套景观手绘设计方案解析）

1.设计方案文本目录

（1）规划评估

（2）设计说明

（3）总体景观平面图

（4）设计分析

（5）景观分区设计

（6）景观小品细节设计

（7）景观绿化设计

（8）设计语言

2.其他说明信息

（1）基地分析

位置：霸州市地处河北省冀中平原东部，北距北京80 km，东临海港城市天津70 km，西距古城保定65 km。

交通：该小区位于霸州市南城核心位置，与之隔路相对的三角地带是霸州市政府规划的大型汽车站，与之相望的是大型商业中心以及占地2万多平方米的市政绿化广场等。

特点：此项目是霸州市规模较大的高档生活社区，更是集居住、购物、娱乐、文化等功能于一体的大型现代化居住社区。

地块概况：总用地面积22.06 hm^2，项目建筑面积50多万 m^2，容积率：2.0。

（2）建筑设计

建筑风格：法式简约主义风格，立面设计典雅清新。

建筑布局：建筑整体布局错落有致，形成相对较大的中轴中心和组团花园，景观具有较好的设计条件。

3.设计定位

尊贵：打造有仪式感的主入口与中心轴线及局部景观，提升项目的价值品质。

自然：合理分配硬质景观的使用，充分利用地形和丰富的植物种类创造出有层次的园林景观。利用变化的绿色空间，打造社区生态环境。

适居：在有限的户外环境满足业主日常的使用需求，景观可看、可赏、可用。

4.设计展望

由于本建筑方案风格为现代风格和新古典主义风格，景观设计也需延续这类风格，造出"自然化、生态化和人性化"的景观环境。

"与大自然一起生活"是本设计的灵感来源。自然化、生态化、人性化是我们设计的方向。起伏的草坡，自然的小径，自然的水系，原木搭建的亲水平台，使景石与自然湿地有机结合；沿水岸展开的自然慢跑小径，沿组团花园设置的老人儿童活动场地，不仅传达出了健康生活的理念，还为人们提供了与大自然亲密接触的空间。

5.设计原则

"大气、清新、雅致"

（1）创造社区高品位文化，形成独特的社区文化主题和生活方式，注重景观设计的功能与内涵。

（2）公共空间设计考虑面向广泛的使用人群，形成社区的品牌和标志。

（3）注重景观的三维空间效果及与建筑的结合。

（4）注重生态的可持续性。

图5-1

图5-2　景观总平面手绘图

图例

① 主入口特色门廊
② 主入口特色水景
③ 树阵广场
④ 模纹花园
⑤ 欧式廊架
⑥ 对景廊架及规整草坪
⑦ 宅间花园
⑧ 特色欧式凉亭

⑨ 欧式阳光大草坪
⑩ 中心欧式水景
⑪ 回车广场
⑫ 地下车库出入口
⑬ 次入口特色铺地
⑭ 人工湖景
⑮ 亲水平台
⑯ 典型欧式花园

⑰ 临湖草坪
⑱ 儿童游乐区
⑲ 对景雕塑
⑳ 商业街人行道
㉑ 自然式叠水溪流
㉒ 节点大树
㉓ 生态植物岛
㉔ 开放草坪

㉕ 休憩空间
㉖ 浪漫花园步道
㉗ 轴线步道
㉘ 北区主入口广场
㉙ 售楼处前广场
㉚ 售楼处后花园

图5-3　景观放大索引图

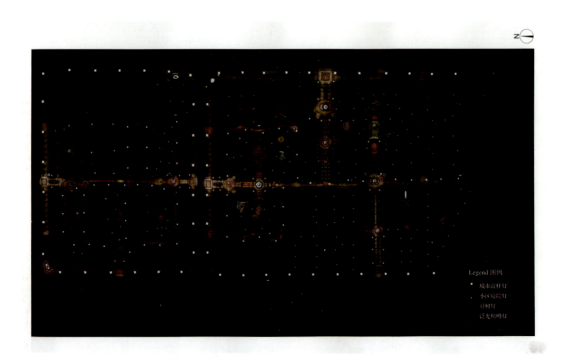

图5-4　景观照明分析图

图例

1 次入口特色铺地
2 回车广场
3 地下车库出入口
4 宅间中心花园
5 对景雕塑
6 对景廊架及规整草坪
7 休憩空间
8 特色欧式凉亭
9 开放草坪
10 北区主入口广场
11 模纹花园
12 围合草坪
13 开放草坡
14 售楼处后花园
15 售楼处前广场
16 轴线步道
17 露天足球场
18 露天篮球场

图5-5　一期景观总平面图

图例

1 特色岗亭
2 北区主入口铺装
3 跌水景墙
4 欧式花坛
5 树池
6 宅前绿地
7 开放草坪
8 特色灯柱

图5-6　西入口放大图

图5-7　西入口欧式岗亭立面图

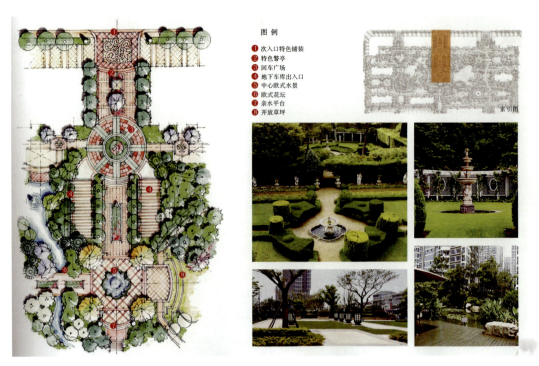

图例

❶ 次入口特色铺装
❷ 特色警亭
❸ 回车广场
❹ 地下车库出入口
❺ 中心欧式水景
❻ 欧式花坛
❼ 亲水平台
❽ 开放草坪

图5-8　实景意向图

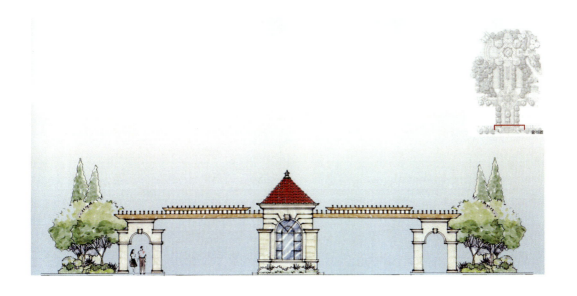

图5-9　北入口岗亭立面图

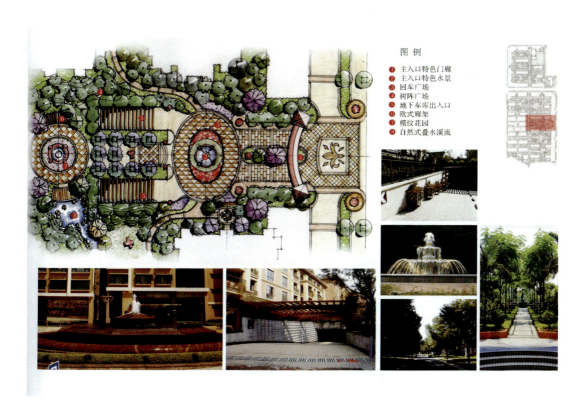

图 例
1 主入口特色门廊
2 主入口特色水景
3 回车广场
4 树阵广场
5 地下车库出入口
6 欧式廊架
7 模纹花园
8 自然式叠水溪流

图5-10　地下车库入口实景意向图

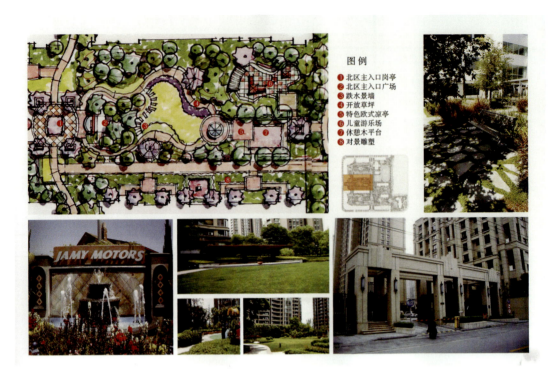

图5-11 西入口中心区域实景意向图

图 例
① 北区主入口岗亭
② 北区主入口广场
③ 跌水景墙
④ 开放草坪
⑤ 特色欧式凉亭
⑥ 儿童游乐场
⑦ 休憩木平台
⑧ 对景雕塑

图5-12 三期局部放大设计图

图 例
① 欧式花纹铺装
② 欧式廊架
③ 浪漫花园步道
④ 节点大树
⑤ 围合花坛
⑥ 休憩空间
⑦ 开放草坪

图5-13　售楼处及样板区放大设计图

图例
❶ VIP及领导停车位
❷ 观光电瓶车
❸ 保留水体/绿化
❹ 绿化
❺ 花池矮墙
❻ Logo景观墙
❼ 内部花园休息区
❽ 观赏大草坪
❾ 参观步行道
❿ 背景绿化
⓫ 景观小品
⓬ 临时消防停车

　　以下两幅图都是该小区景观深化设计方案，是纯彩铅画的效果图。画风细腻、深入，风格统一，设计意图表达准确，两张图都是彩铅效果图的优秀作品（图5-14、图5-15）。

图5-14　彩铅效果图示例1

图5-15　彩铅效果图示例2

　　以下两幅图是在硫酸纸上画的效果图，纯马克笔技法的表现。在硫酸纸上画图，讲究的是色彩准确。硫酸纸不能反复地上色，一般是画一遍，至多画两层颜色，画出来的颜色单纯且通透。第二张艺术风格与前一张略有所不同，是通过用马克笔的细头勾勒出树木、花卉及建筑等的轮廓，然后每一处只用一种颜色平涂，最后适当留出高光以体现明暗效果画出来的（图5-16、图5-17）。

图5-16　马克笔效果图示例1

景观效果图-1 5.12.5

图5-17　马克笔效果图示例2

　　以下是小区景观深化设计方案中某些局部的景观效果的立、剖面图。精彩之处在于画出了比较复杂的地面地形结构，图纸表达深入且专业。同时也可以学习到树木的立面图画法，注意观察前后树的层次表达和相交树冠的虚实处理（图5-18—图5-29）。

景观剖面图-1 5.10.4

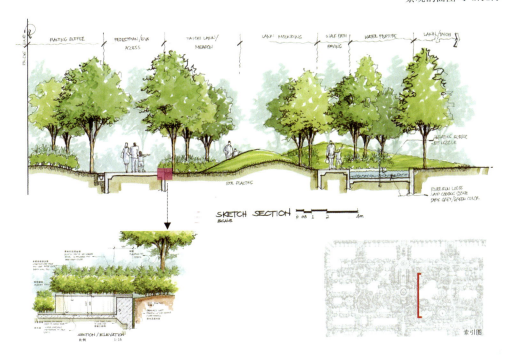

图5-18

索引图

SKETCH SECTION
SCALE

图5-19

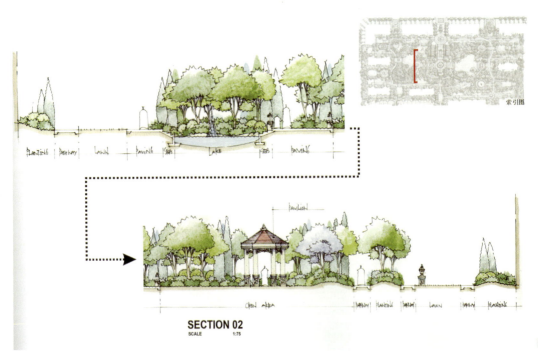

索引图

SECTION 02
SCALE   1:75

图5-20

剖面图 5.11.4

S
SC

ECTION 01

图5-21

景观凉亭大样 5.2.2

图5-22 凉亭立面效果图

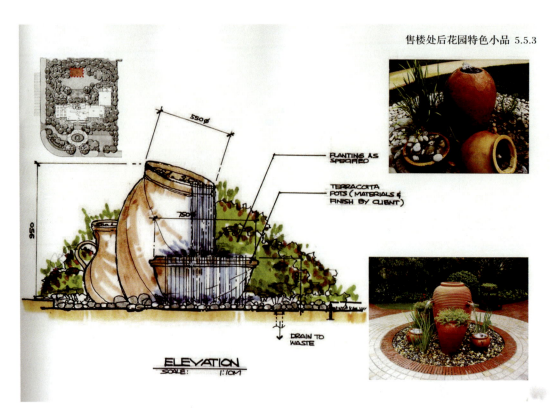

图5-23　景观小品立面效果图

图5-24　景墙平面图、剖面图、意向图

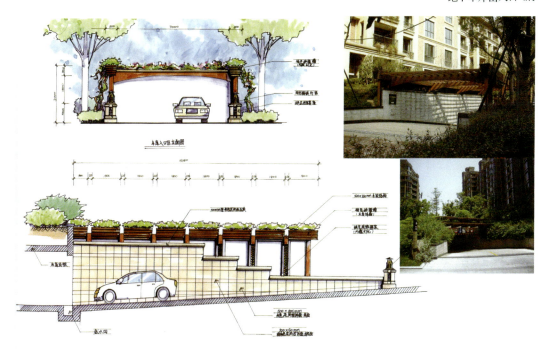

图5-25 地下车库入口立面图、剖面图及意向图

商业街景观灯柱设计 5.15.1

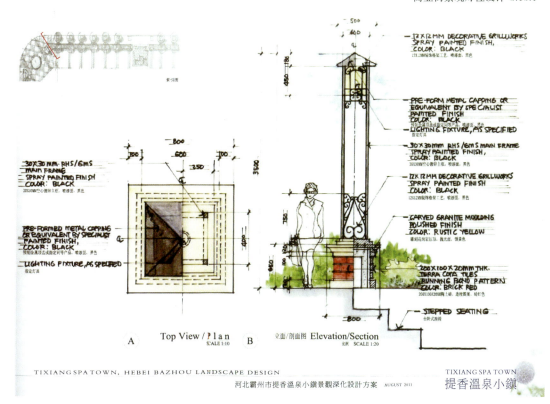

图5-26 景观灯柱立、剖面图

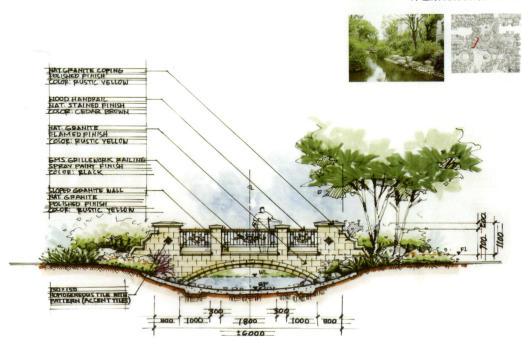

NAT. GRANITE COPING
POLISHED FINISH
COLOR: RUSTIC YELLOW

WOOD HANDRAIL
NAT. STAINED FINISH
COLOR: CEDAR BROWN

NAT. GRANITE
FLAMED FINISH
COLOR: RUSTIC YELLOW

GMS GRILLEWORK RAILING
SPRAY PAINT FINISH
COLOR: BLACK

SLOPED GRANITE WALL
NAT. GRANITE
POLISHED FINISH
COLOR: RUSTIC YELLOW

150X150
HOMOGENEOUS TILE WITH
PATTERN (ACCENT TILES)

图5-27　景观桥的剖面效果图及意向图

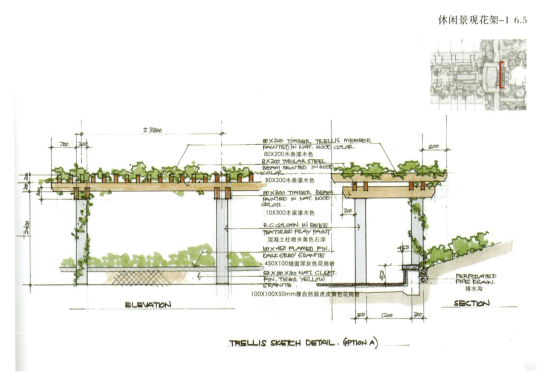

80X200 TIMBER TRELLIS MEMBER
PAINTED IN NAT. WOOD COLOR.
80X200木条漆木色

8X200 TUBULAR STEEL
BEAM PAINTED IN WOOD
COLOR
80X200木条漆木色

100X300 TIMBER BEAM
PAINTED IN NAT. WOOD
COLOR.
10X300木梁漆木色

R.C. COLUMN IN BEIGE
TEXTURED SPRAY PAINT
混凝土柱喷米黄色石漆

100X450 FLAMED FIN.
DARK GREY GRANITE
450X100烧面深灰色花岗岩

50X100X100 NAT. CLEFT.
FIN. TIGER YELLOW
GRANITE
100X100X50mm厚自然面虎皮黄色花岗岩

PERFORATED
PIPE DRAIN.
排水沟

ELEVATION　　　SECTION

TRELLIS SKETCH DETAIL. (OPTION A)

图5-28　花架立、剖面效果图

158

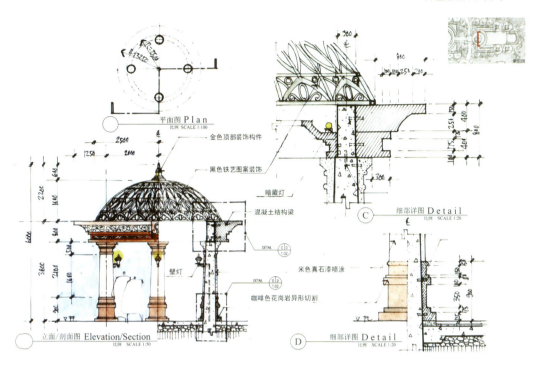

平面图 Plan
比例 SCALE 1:100

金色顶部装饰构件
黑色铁艺图案装饰
暗藏灯
混凝土结构梁
壁灯

立面/剖面图 Elevation/Section
比例 SCALE 1:50

细部详图 Detail
比例 SCALE 1:20

米色真石漆喷涂
咖啡色花岗岩异形切割

细部详图 Detail
比例 SCALE 1:20

图5-29 特色欧式凉亭立面图、剖面图和节点详图

任务实践二　水彩表现——天津塘沽森林公园景观设计

设计单位：北京某设计研究院

设计时间：2006年9月

项目类别：公园设计

占地面积：260万㎡

项目位置：天津市塘沽区

客　　户：塘沽区建委

设计人员：俞孔坚、凌世宏、潘阳、雷胭、郭会丁、李婷婷、李何亮

设计原则：充分利用场地现有资源，尊重场所精神，给予场地相应定位。

1.植物设计的科学性和适宜性

盐碱土绿化一直都是比较难解决的课题，本方案本着科学解决这一难题的原则，尊重场地特色，利用挖湖堆山、抬高地形的技术手法放水淋盐，再根据不同高程的土壤盐碱度分级确定不同耐盐碱度植物的分布和配置形式，以解决森林公园绿化的难题。

2.设计构思的新颖性和适宜性

以体现排盐去碱的过程为主要的设计思路，提出"泡泡""土台"等主要设计理念，风格新颖又尊重场地特性。

3.交通系统的便捷性和空间性

便捷通过式与洄游式的道路设计相结合，兼游览、货运、临时交通组织的作用于一体。道路路线同景观空间多样性相结合，通过穿越不同景观场景获得多重的空间体验。

4.建筑小品设计的地方性和生态性

建筑设计需解决北方地区气候寒冷、植物景观受气候影响较大的问题。设计时采用玻璃大屋顶形成温室来展示室内生态植物空间；同时厕所、亭廊的灯具等小品均采用太阳能聚能的方式，颇具生态特性（图5-30—图5-35）。

　图5-30

图5-31

图5-32

图5-33

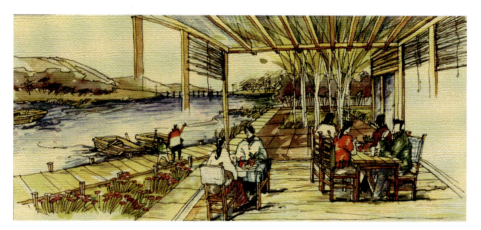

图5-34

图5-35

任务实践三　彩铅表现——某别墅园林景观设计

设计单位：北京某设计研究院

设计时间：2007年7月

项目类别：住宅区

占地面积：14万㎡

项目位置：北京房山区

北京房山是盛产建筑材料大石材的地方。因此，在此建造居住区时具有得天独厚的优越条件。房山乐活园的景观设计就抓住了房山独有的地域气质，当代的中国风情在此尽情地被演绎（图5-36—图5-40）。

图5-36

鸟瞰图

图5-37

图5-38

图5-39

图5-40

任务实践四　彩铅+水彩表现
——某别墅园林景观设计

设计单位：北京某设计研究院

设计时间：2005年

项目类别：山地别墅

占地面积：56万㎡

项目位置：怀柔区红螺镇境内

　　该项目的建筑以山地别墅为主，设计中应尽量保留山地良好的自然环境。小区内的景观设计也以生态自然为主，设计师需根据山谷的冲积沟设计小区内的水景系统，并依据景观纵向高差特点，打造出自然优美的山地别墅环境（图5-41—图5-48）。

图5-41

图5-42

图5-43

图5-44

图5-45

图5-46

立面图

中心水景剖面图

图5-47

图5-48

任务实践五　夜景表现——福建省东山县海峡论坛项目

设计单位：北京某设计研究院

设计时间：2007年12月—2008年1月

项目类别：城市规划、旅游规划

占地面积：279万㎡

项目位置：福建省东山县

本方案依托海峡论坛场地卓越的海景资源和生态环境资源，坚持景观营造和生态保护先行，从优配置会议文化设施和滨海体育休闲设施，打造强势概念品牌，进而开发多种风格独具的居住产品，打造个性鲜明、概念突出的项目核心竞争力。

1.功能特色

在分析全国市场的基础上，充分利用海滨资源和论坛主题，深入挖掘场地优势，为游客和居民提供创新型的休闲度假居住理念和生活方式，在海峡西岸率先打造国家级的海滨综合度假区。

2.总体布局

项目总体采用陆环水绕的布局形式，首先扩大现有河道使之成为一个中央内湖，然后沿场地边缘挖出环状水系，形成陆环水绕的总体格局。灵感来源之一是"冰面消融"的概念，紧扣海峡论坛主题，寓意两岸关系冰释前嫌、重结于好；从风水格局来看，陆环水绕的水陆布局形成了一种理想的平洋风水格局，与闽南地方风俗信仰相契合；从土地开发角度来看，最大限度地增加了建筑亲水面积，充分提升了景观价值和土地开发价值；从生态环境保护来看，陆环水绕的水陆布局形成了一个完整的生态廊道网络和防洪排涝体系。

3.建筑组团特色

深入挖掘场地现有景观资源的特色，融合于建筑中，因地制宜，结合场地营造富有个性的居住组团，比如联排住宅、多层花园洋房等。组团的规划采取闽南地方色彩浓厚的围合式布局，内敛而大气、宁静而安详。在营造组团景观时，保护、挖掘、提取场地现有的乡土景观特征，分别以水塘、田地、果园、林带为组团主题景观，营造出特色鲜明、生态环保的居住空间。

4.环境特色

将农田、果园和防风林带等乡土生态景观作为建筑和组团的绿色基底。规划尽可能保留农田和果园现状，形成景观基底，建筑组团像宝石一样镶嵌到乡土景观基质里。一方面，形成别具一格的景观特色；另一方面，真正实现项目提倡的生态和健康的居住理念（图5-49、图5-50）。

图5-49

图5-50

任务实践六　方案的快速表现——上海世博园区后滩湿地公园设计

设计单位：北京某设计研究院

设计时间：2007年

占地面积：18.2万 m²

图5-51

图5-52

图5-53

图5-54

图5-55

图5-56

图5-57

图5-58

图5-59

图5-60

图5-61

图5-62

图5-63

图5-64

图5-65

图5-66

图5-67

任务实践七　城市概念设计表现——北京市大兴新城核心区概念性城市设计方案

设计单位：北京某设计研究院

设计时间：2006年

项目类别：城市公共空间

占地面积：1 200万㎡

项目位置：北京市大兴区

客　　户：北京市大兴区人民政府

图5-68

图5-69

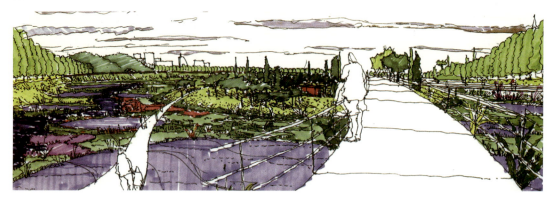

图5-70

图5-71

图5-72

实例展示篇

JINGGUAN SHEJI SHOUHUI XIAOGUOTU BIAOXIAN

第六章

实例展示

学习重点：学习借鉴优秀景观设计效果图。

知识要点：各类景观设计效果图（道路、居住区、城市广场、公园、景观建筑及其他）。

第一节　道路景观设计效果图

图6-1

　图6-2

图6-3

图6-4

第二节　居住区景观设计效果图

图6-5

　图6-6

图6-7

图6-8

第三节　城市广场景观效果图

图6-9

　图6-10

图6-11

图6-12

第四节　公园景观效果图

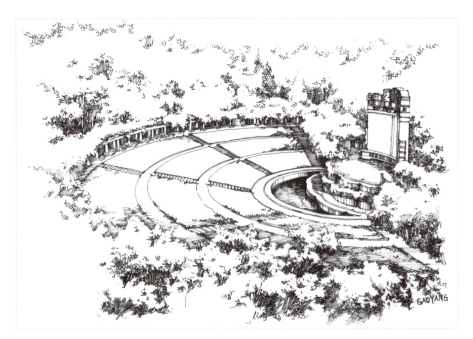

图6-13

　图6-14

图6-15

图6-16

第五节　景观建筑效果图

图6-17

图6-18

图6-19

图6-20

第六节　古典园林效果图

图6-21

　图6-22

图6-23

图6-24

第七节 鸟瞰图

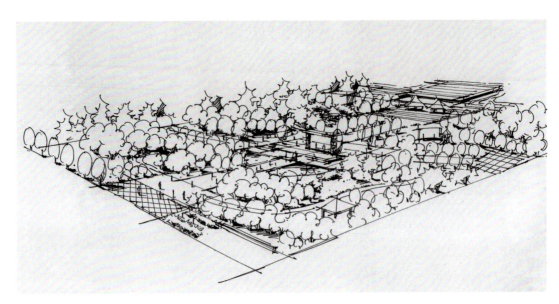

图6-25

图6-26

图6-27

图6-28

第八节　其他景观设计效果图

图6-29

　图6-30

图6-31

参考文献

[1] 夏克梁.手绘教学课堂·夏克梁景观表现课堂实录[M].天津：天津大学出版社，2018.

[2] 夏克梁.建筑钢笔画——夏克梁建筑写生体验[M].沈阳：辽宁美术出版社，2008.

[3] 高飞.园林水彩[M].北京：中国林业出版社，2007.

[4] 刘红丹.园林景观手绘表现：基础篇[M].沈阳：辽宁美术出版社，2013.

[5] 杜建，吕律谱.30天必会景观手绘快速表现[M].武汉：华中科技大学出版社，2013.

[6] 陈红卫.陈红卫手绘表现[M].福州：福建科学技术出版社，2006.

[7] 北京土人景观与建筑规划设计研究院.诗意的栖居：土人景观手绘作品集[M].大连：大连理工大学出版社，2008.